南方富硒土壤资源高效安全利用

刘永贤 等 著

科学出版社
北京

内 容 简 介

本书详细地阐述了以广西为主要代表的南方不同富硒土壤类型中硒的主要存在形态及其空间分布特征，以及影响土壤硒素活性的关键因子，揭示出了硒与其他有害重金属的伴生关系以及土壤硒素动态变化特征与土壤生态环境之间的关系，从土壤硒含量、硒对土壤生态系统健康的影响、作物吸收的硒含量及其有效性等多个方面进行系统和全面的介绍；提出了农林土壤硒素安全利用评价模型，并基于食品含量标准和生态系统健康的土壤硒素安全阈值，系统而科学地提出了富硒土壤分类标准和富硒农产品标准以及不同类型富硒农产品的产地环境标准，为富硒土壤资源的高效安全利用及天然富硒区富硒产业的高质量发展提供了科学依据与技术支撑。

本书是从事生态高值农业生产、科研部门的专业人员及高等院校师生的理想读物，也可作为与农业科学有密切关系的农业资源与环境、农业生态、地学、生物学等有关专业人员的参考书。

图书在版编目(CIP)数据

南方富硒土壤资源高效安全利用 / 刘永贤等著. --北京：科学出版社，2024.12
ISBN 978-7-03-077780-5

Ⅰ.①南⋯ Ⅱ.①刘⋯ Ⅲ.①硒-土壤资源-资源利用-研究-中国 Ⅳ.①S159.213

中国国家版本馆 CIP 数据核字（2024）第 021088 号

责任编辑：周 丹 沈 旭 李嘉佳 / 责任校对：郝璐璐
责任印制：张 伟 / 封面设计：许 瑞

科学出版社 出版
北京东黄城根北街 16 号
邮政编码：100717
http://www.sciencep.com

北京九天鸿程印刷有限责任公司印刷
科学出版社发行 各地新华书店经销

*

2024 年 12 月第 一 版 开本：720×1000 1/16
2024 年 12 月第一次印刷 印张：10 1/4
字数：207 000

定价：169.00 元
（如有印装质量问题，我社负责调换）

《南方富硒土壤资源高效安全利用》
作 者 名 单

刘永贤	尹雪斌	邢　颖	潘丽萍	吴天生
涂书新	李德军	梁东丽	段增强	袁林喜
肖孔操	王张民	宋同清	张泽洲	刘志奎
龙　杰	宋佳平	覃建勋	江泽普	戴志华
廖　青	农梦玲	韦燕燕	陈锦平	谭　骏
王子威	毛彦军	兰　秀	李　迅	陈清清
危向峰	黄太庆	梁潘霞	董金龙	石玫莉
李　新	黄定照	吕江艳	郭李怡	

前 言

硒（Se）是全球最受关注的微量元素之一，它在人体生理中具有重要的作用，与人体多种疾病密切相关。其能调节机体免疫力，具有抗氧化、抗衰老、清除体内有害自由基等功能，能有效地预防克山病、大骨节病等，从而被人类冠以了"抗癌之王""长寿元素""生命的火种""天然解毒剂""心脏守护神"等光环。虽然微量元素硒对人体发挥着重要的生理功能，但是摄入量过高或过低都会引发健康风险，故其在微量元素的研究与应用中具有特殊的地位。中国营养学会对成人的硒摄入推荐量为 60～400 μg/d，全球有 1/3 国家或地区的成人硒摄入量都显著低于 60 μg/d，我国也有 2/3 的地区面临缺硒带来的威胁，但在我国恩施等高硒地区的成人硒摄入量却高达 4990 μg/d，为硒摄入过量地区。可见，硒的摄入量在全球分布是极不均匀的，所以如何对天然富硒区土壤中的硒进行科学合理的利用、将富硒土壤资源优势转为产业优势成为越来越迫切需要解决的问题。

广西拥有过亿亩富硒土壤，是全国最大的富硒区，也是名副其实的全域富硒区。广西生态优势金不换，山清水秀生态美是广西的金字招牌，要着力发展高附加值、高品质农产品，发展富硒农业和林业经济。然而，广西地处我国南方酸性土壤区与有色金属富集区，面临土壤中硒的有效性不高、土壤中硒与重金属伴生比较普遍等问题，这些问题严重制约了富硒土壤资源的高效安全利用及当地富硒产业的高质量发展。目前，对土壤中全硒含量的分类主要依据不同土壤类型中的总硒含量进行，其他的研究多在此基础上略有调整，但普遍缺乏充分的科学依据；同时，国内对土壤中硒素安全利用的系统研究尚显不足，特别是缺乏明确的硒素含量阈值标准和科学的评价指标，因此，从安全角度出发，对土壤硒含量的分类研究显得尤为重要。随着对土壤中硒素合理、安全利用需求的日益增加，建立土壤中硒素安全阈值的评价体系成为迫切需要解决的问题。

本书详细地阐述了以广西为主要代表的南方地区不同富硒土壤类型中硒的主要存在形态及其空间分布特征和影响土壤硒素活性的关键因子，揭示了硒与其他有害重金属伴生关系以及土壤硒素动态变化特征与土壤生态环境的关系，从土壤硒含量、硒对土壤生态系统健康的影响、作物吸收的硒含量及其有效性等多个方面进行系统和全面的介绍。此外，本书还提出了农林土壤硒素安全利用评价模型，并基于食品硒含量标准和生态系统健康的考虑，科学而系统地制定了富硒土壤分类标准、富硒农产品标准，以及不同类型富硒农产品的产地环境标准。这些成果为富硒土壤资源的高效安全利用以及天然富硒区富硒产业的高质量发展提供了科学依据与技术支撑。

本书在编写过程中得到中国科学院、广西科学技术厅以及各编写成员所在单位的支持与关怀，本书中绝大部分研究成果主要是在广西创新驱动发展科技重大专项"富硒土壤资源高效安全利用"（桂科 AA17202026）的资助下创新研发出来的，在此深表感谢！同时，得到了广西壮族自治区主席院士顾问、中国科学院院士赵其国研究员与中国工程院院士印遇龙研究员，国际硒研究学会主席盖瑞（Gary）教授，以及硒产业技术与健康中国创新平台联盟理事长、国家富硒农产品加工技术研发专业中心主任程水源教授等国内外著名硒学领域专家们的指导。在此对他们的支持与帮助表示诚挚的感谢！

尽管本书中的关键技术绝大部分都是在广西创新驱动发展科技重大专项实践实施过程中摸索、总结出来的，但是由于编著者的水平有限，以及各种条件所限，书中难免存在不妥之处，有待在今后的研究工作中改进、完善，也衷心希望各位读者予以批评指正。

作　者

2024 年 1 月

目 录

前言
第1章　绪论·· 1
　1.1　研究目的和意义·· 1
　　1.1.1　国家需求·· 1
　　1.1.2　广西现实需求·· 1
　　1.1.3　理论技术需求·· 2
　1.2　研究目标与主要内容·· 3
　　1.2.1　研究目标·· 3
　　1.2.2　主要内容·· 3
　1.3　技术路线与研究方法·· 4
　　1.3.1　技术路线·· 4
　　1.3.2　主要研究方法·· 4
第2章　富硒区土壤硒形态及空间分布特征·· 7
　2.1　广西土壤硒含量及空间分布特征·· 7
　　2.1.1　广西区域地质特征·· 7
　　2.1.2　广西土壤硒含量及空间分布特征·· 8
　2.2　广西典型富硒区土壤硒形态特征·· 9
　　2.2.1　土壤硒形态分类··· 9
　　2.2.2　典型富硒区土壤硒形态特征·· 9
　　2.2.3　土壤硒形态间的转化·· 11
　2.3　广西与湖北、陕西等典型富硒区土壤硒分布的地域分异················· 12
　参考文献·· 13
第3章　土壤硒活性的影响机制与调控技术··· 15
　3.1　富硒土壤有效硒测定和评价方法筛选··· 15
　3.2　土壤总硒与植物硒含量特征·· 17
　3.3　土壤中有效硒与植物的相关性·· 18
　3.4　土壤有效硒与各硒形态的相互关系·· 19
　3.5　土壤硒有效性的影响因子及机制··· 20
　　3.5.1　土壤理化因子对硒活性的影响··· 21

3.5.2 土壤富硒微生物筛选及对土壤有效硒的影响 ······ 26
3.6 土壤硒与作物生长的关系及调控 ······ 32
3.6.1 植物对土壤硒的吸收、转运及代谢 ······ 32
3.6.2 硒富集优势作物品种筛选 ······ 38
3.6.3 提高土壤硒生物有效性的理化因子调控途径 ······ 44
3.6.4 提高土壤硒生物有效性的生物调控途径 ······ 48
3.6.5 多因子联合土壤硒素调控技术 ······ 50
参考文献 ······ 53

第4章 硒与其他有害重金属的地球化学特征及交互机制 ······ 55
4.1 广西土壤硒和重金属的含量及空间分布特征 ······ 55
4.2 土壤硒和重金属的伴生关系 ······ 56
4.2.1 不同成土母质区土壤硒和重金属伴生关系 ······ 56
4.2.2 不同土壤类型硒和重金属伴生关系 ······ 57
4.2.3 煤矿及铁锰矿区土壤硒和重金属伴生关系 ······ 58
4.3 土壤硒和重金属伴生地球化学机制 ······ 59
4.3.1 成土母岩对土壤硒和重金属元素的影响 ······ 59
4.3.2 成土过程对土壤硒和重金属元素的影响 ······ 60
4.3.3 土壤铁锰结核对土壤硒和重金属元素的影响 ······ 63
4.3.4 其他因素对土壤硒和重金属元素的影响 ······ 64
4.4 硒和重金属在土壤-植物系统的迁移转化特征及其交互机制 ······ 66
4.4.1 土壤中硒-重金属相互作用 ······ 66
4.4.2 硒与重金属镉在土壤-作物体系的互作效应 ······ 67
4.4.3 作物对硒及重金属的吸收累积特征 ······ 70
4.4.4 硒与重金属在植物体内的交互机制 ······ 75
4.5 作物富硒降镉调控 ······ 79
4.5.1 土壤调理对作物富硒降镉的影响 ······ 79
4.5.2 叶面硒素强化对作物富硒降镉的影响 ······ 87
4.5.3 土壤调理+叶面强化对作物富硒降镉的影响 ······ 90
4.5.4 土壤调理剂与叶面强化剂研发 ······ 95
参考文献 ······ 96

第5章 土壤硒与生态环境协同演变机制与反馈 ······ 98
5.1 土地利用方式变化对土壤硒及其有效性的影响 ······ 98
5.1.1 喀斯特区退耕后演替过程中土壤硒及有效性变化特征 ······ 98
5.1.2 不同岩性地区土地利用变化对土壤硒及其有效性的影响 ······ 102
5.2 长期不同施肥模式对硒在土壤-作物系统迁移转运的影响 ······ 105

5.2.1　白云岩区有机-无机配施对土壤-作物系统硒迁移转运的影响……………105
　　5.2.2　石灰岩区有机-无机配施对土壤-作物系统硒迁移转运的影响……………106
5.3　外源施硒对土壤-作物系统硒迁移转运的影响……………………………………108
5.4　外源硒添加对土壤生物的影响……………………………………………………111
　　5.4.1　外源硒添加对土壤典型动物（蚯蚓）的影响……………………………111
　　5.4.2　外源硒添加对土壤微生物群落的影响……………………………………113
　　5.4.3　外源硒添加对土壤酶活性（微生物功能指标）的影响…………………116
参考文献………………………………………………………………………………………117

第6章　农林土壤硒素安全利用评价模型构建及土壤硒素安全阈值………………118
6.1　土壤中有效硒评价指标和方法的确定……………………………………………118
6.2　构建土壤硒素安全利用评价模型…………………………………………………123
　　6.2.1　研究方案………………………………………………………………………123
　　6.2.2　研究内容………………………………………………………………………123
　　6.2.3　研究结果………………………………………………………………………123
6.3　基于食品含量标准和生态系统健康的土壤硒素安全阈值研究…………………127
　　6.3.1　广西典型富硒区土壤硒素阈值特征及水稻线虫模型构建………………127
　　6.3.2　模型验证与优化………………………………………………………………134
参考文献………………………………………………………………………………………136

第7章　土壤硒资源的科学利用与硒产业高质量发展对策…………………………138
7.1　富硒土壤等级划分…………………………………………………………………138
　　7.1.1　土壤质量　富硒土壤………………………………………………………138
　　7.1.2　富硒农产品产地环境评价…………………………………………………139
7.2　富硒农产品分类……………………………………………………………………141
7.3　推进广西富硒产业高质量发展的对策与建议……………………………………143
　　7.3.1　充分将富硒土壤资源转变为硒产业优势…………………………………143
　　7.3.2　做好富硒产业顶层设计与产业布局………………………………………143
　　7.3.3　持续发挥科技创新先锋引领与护航作用…………………………………144
　　7.3.4　坚持技术"创新熟化"与"推广应用"两条腿一起走……………………144
　　7.3.5　建设一批高标准、高质量的富硒产业示范基地…………………………144
　　7.3.6　聚焦开发外销型富硒拳头产品……………………………………………145
　　7.3.7　加大富硒深加工技术研发力度，补齐加工短板，使富硒产业产值效应
　　　　　翻番……………………………………………………………………………145
　　7.3.8　扩大富硒科技先锋队伍，提升科技服务水平……………………………146
　　7.3.9　培育一批知富硒、懂富硒、会富硒、爱富硒的新型经营主体…………146
　　7.3.10　利用互联网技术，提高富硒农产品优质率………………………………146

7.3.11 完善富硒农产品认定标准与认定体系 …………………………………… 147
7.3.12 加大宣传引导，打造一批"网红"富硒产品 ……………………………… 147
7.3.13 相关职能部门各尽其责，强化富硒产品质量与市场的监管 …………… 147
7.3.14 拓展富硒产业功能，打造具有广西特色的"硒文化"产业 …………… 148
7.3.15 加强富硒科普宣传与科学补硒引导 ……………………………………… 148
7.3.16 打响广西富硒品牌、擦亮广西富硒名片 ………………………………… 149
附图　研发的相关土壤调理剂与叶面强化剂 ………………………………………… 151
后记 ……………………………………………………………………………………… 152

第1章 绪　　论

1.1　研究目的和意义

从土壤硒含量、硒对土壤生态系统健康的影响、作物吸收的硒含量及其有效性等多个方面进行系统和全面的研究，系统而科学地提出富硒土壤分类标准和富硒农产品标准以及不同类型富硒农产品的产地环境标准，为富硒土壤资源的高效安全利用及富硒产业高质量发展提供科学依据与技术支撑。

1.1.1　国家需求

2017年以来，习近平总书记在广西、山西、江西、陕西等地考察富硒农业产业园时均对硒给予了高度关注。2017年中央一号文件中提出"加强现代生物和营养强化技术研究，挖掘开发具有保健功能的食品"。2017年，《农业部办公厅关于深入实施主食加工业提升行动的通知》（农办加〔2017〕7号）中提出"以功能化、营养化、便捷化消费需求为主导，适应个性化、高端化、体验化消费需求，开发营养、安全、美味、健康、便捷、实惠的多元化主食产品"；《国家发展和改革委员会　国家粮食和物资储备局　科技部关于"科技兴粮"的实施意见》（国粮发〔2018〕100号）中提出"开发小麦、稻谷、大豆、杂粮、特色植物油脂等功能性、专用性新产品"；2019年6月17日，《国务院关于促进乡村产业振兴的指导意见》（国发〔2019〕12号）中提出"推进农业与文化、旅游、教育、康养等产业融合，发展创意农业、功能农业等。"可见，如何利用好富硒土壤资源，发展好富硒功能农业产业已经成为国家战略发展的需求之一。

1.1.2　广西现实需求

2012年以来，广西非常重视富硒农业发展，一直把富硒农业作为全区农业提升和现代化的又一战略突破口,把富硒产业作为一重大工程和新兴产业来抓。在2015年出台了《广西现代特色农业产业品种品质品牌"10＋3"提升行动方案》，将富硒农业正式纳入全区现代特色农业产业品种品质品牌"10＋3"提升行动中重点推进。2016年广西壮族自治区发展和改革委员会与广西壮族自治区农业厅联合印发的《广西壮族自治区现代农业（种植业）发展"十三五"规划（2016—2020年）》中提出"打造'富硒之都'，科学开发利用富硒土壤资源，加快富硒农产品基地建设，努力将广西打造成为'富硒农业之都'"。2018年，广西将富硒农业列入广西创新驱动发展战略的九张创新名片之一——优势特色农业［《广西壮族自治区人民政府办公厅关于印发贯彻落实创新驱动发展战略打造广西九张创新名片工作方案（2018—2020年）的通知》（桂政办发〔2018〕9号）］，并在文件中明确提出"依托广西得天独厚的大面积天然优质富硒土壤资源，建设中国（南方）富硒功能农业研究中心，加强富硒农产品对人体的营养评价与食用安全性评价研究，积极参与富硒农产品国家标准和富硒农产品生产技术规范等方面的制定工作"。在《广西乡村振兴战略规划（2018—2022年）》中也提出要发展好富硒农业。在2019年《广西壮族自治区人民政府关于加快推进广西现代特色农业高质量发展的指导意见》（桂政发〔2019〕7号）中也明确地提出"突出打造'富硒品牌'农业。充分发挥广西富硒资源优势，大力发展富硒农产品，创建一批全国富硒农业示范市、示范县（市、区），整县推进富硒农业开发"。2021年《广西壮族自治区国民经济和社会发展第十四个五年规划和2035年远景目标纲要》中也提出，"打造'广西香米'、'富硒米'等特色品牌，做强主粮加工业"。可见，利用好广西丰富的富硒土壤资源，高质量发展富硒农业产业，是广西近30年的现实战略要求。

1.1.3 理论技术需求

目前国内缺乏对富硒土壤资源高效安全利用的标准，尚不能权威回答："什么样的土壤是富硒土壤？以广西为代表的南方富硒土壤与北方（陕西安康）富硒土壤中硒含量分布规律是怎样的？不同类型的富硒土壤中硒的形态与活性怎么样？有效硒占有多少？富硒土壤上生长的农作物能确保是富硒农产品吗？土壤中的硒与重金属的伴生情况怎么样？土壤中硒的安全阈值是多少呢？"同时，随着技术的发展，由于外源硒的添加，市面上出现了形形色色的不同类型的富硒农产品，这就给富硒农业的开发和富硒产业的发展带来混乱，亟须开展富硒土壤高效安全利用的国家标准的研制。同时，通过活化土壤中的硒，提高土壤硒的生物可利用性，从而更为高效地利用土壤中的硒资源，已成为当前天然富硒区亟须解决的关键技术问题。在此基础上开展天然富硒农产品、绿色富硒农产品、有机富硒农产品等不同类型富硒农产品的产地环境标准研制也成为当前富硒领域研究的热点。

1.2 研究目标与主要内容

1.2.1 研究目标

开展以广西为代表的我国南方不同富硒土壤类型中硒的主要存在形态及其空间分布特征研究，研究影响土壤硒素活性的关键因子，揭示硒与其他有害重金属的伴生关系以及土壤硒素动态变化特征与土壤生态环境的关系，构建农林土壤硒素安全利用评价模型，划分富硒土壤质量等级，研究确立基于食品硒含量标准和生态系统健康的土壤硒素安全阈值，形成富硒土壤国家分类标准和富硒农产品的国家标准的草案。

1.2.2 主要内容

1）不同富硒土壤类型中硒的主要存在形态及其空间分布特征研究

对典型富硒区（广西、湖北恩施、陕西安康）按照不同土壤类型（水稻土、红壤、黄壤、石灰土等）研究耕作层土壤中总硒含量、硒结合形态、生物有效硒含量的特征，以及其空间分布特征；并探讨土壤硒的分布特征与母岩之间的关系。

2）土壤硒素活性关键因子研究

研究 pH、土壤水分、氧化还原电位、土壤微生物结构、土壤结构、土壤有机质组成等因素对土壤硒生物有效性的影响，筛选土壤硒素活性的关键影响因子，并通过 pH 调节、农艺措施、土壤微生物的施用等手段对土壤中的硒进行活化研究，探讨活化土壤中硒的有效路径。

3）硒与其他有害重金属伴生关系研究

研究典型富硒区土壤硒与重金属的含量、空间分布特征，以及它们之间的伴生关系。进一步探讨富硒土壤中硒和重金属的表生地球化学特征，评估其环境效应。同时，分析富硒土壤中作物对硒和重金属的吸收利用特征及其交互作用，以及研究富硒土壤活硒、钝镉同步技术的可行性和效果。

4）土壤硒素动态变化特征与土壤生态环境的关系研究

典型富硒土壤在耕作过程、季节演替、剖面深度等方面的时空动态变化，以及与土壤理化性质指标、根际土壤酶活性指标、土壤微生物指标的变化过程的关系；建立典型富硒土壤资源监测网络和数据库。

5）农林土壤硒素安全利用评价模型研究

研究不同硒含量和重金属含量对其土壤微生物组成的影响，评价土壤硒素对土壤生态安全的影响；然后通过典型富硒土壤的作物种植模式，确定不同作物对生物有效硒组分的吸收、积累特征，依据相关标准，构建土壤硒素安全利用评价模型。

6）基于食品含量标准和生态系统健康的土壤硒素安全阈值研究

对典型富硒区中不同土壤类型（水稻土、红壤、黄壤、石灰土等）、不同种植作物类型（谷物、蔬菜、水果、茶叶）、不同土壤硒含量等进行农作物硒含量和土壤生态系统健康指标的评价，以此为基础确立土壤硒素的安全阈值，以确保农产品安全和土壤生态环境的健康。

7）富硒土壤分类标准和富硒农产品标准的编制依据

以上述 6 项研究内容的研究成果为科学依据，系统编制富硒土壤分类的国家标准草案和富硒农产品国家标准草案。

1.3　技术路线与研究方法

1.3.1　技术路线

本书研究技术路线图详见图 1-1。

1.3.2　主要研究方法

（1）样品采集：在前期多目标地球化学调查结果基础上，圈定典型富硒区（广西、湖北恩施、陕西安康）中的典型土壤类型（水稻土、红壤、黄壤、石灰土等）、不同种植作物类型（谷物、蔬菜、水果、茶叶）、不同土壤硒含量等研究区域和点位，采集耕作层土壤样品、土壤微生物样品、农作物组织样品、成熟农产品样品，并设置长期土壤硒含量定位监测点。这是本书的重要基础。

（2）土壤理化指标检测：对土壤样品的理化指标进行检测，包括水含量、孔隙度、N/P/K、有机质含量、碱解氮、有效磷、速效钾、pH、氧化还原电位（Eh）、溶解氧、电导率、阴离子含量（Cl^-、SO_4^{2-}、NO_3^-）。

（3）土壤/农作物总硒检测：利用原子荧光光谱仪（AFS）测定土壤样品和农作物样品中的总硒含量。

（4）土壤硒形态及有效硒分析：对土壤样品采用不同化学浸提剂（包括 $NaHCO_3$、NH_4F-HCl、$CaCl_2$、KH_2PO_4、KCl、K_2SO_4、EDTA、$Ca(H_2PO_4)_2 \cdot H_2O$、EDTA-NaOH 等）进行提取，以分析不同形态硒以及其中的生物有效硒。同时，结合植物栽培实验，筛选并确定富硒土壤硒有效性的评价方法。

（5）土壤/农作物重金属指标检测：通过电感耦合等离子体质谱法（ICP-MS）对土壤/农作物样品中的重金属（包括 Hg、Cd、As、Pb）的含量进行检测，同时对其他矿物元素含量进行分析（包括 Cu、Zn、Fe、Mg、Ca）。

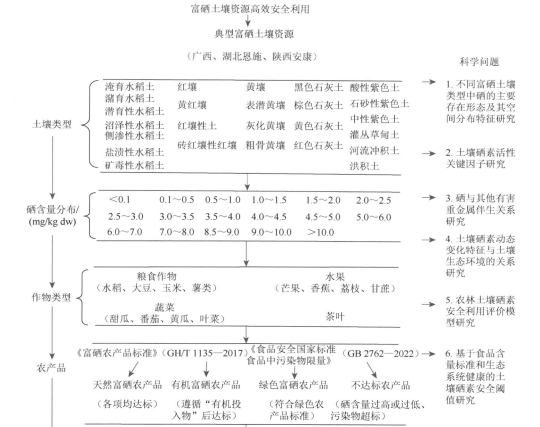

图 1-1 研究技术路线图

（6）土壤中硒与重金属结合形态分析：通过化学提取剂分离生物可利用组分、有机结合态组分、铁锰氧化物结合态组分、硅酸盐结合态组分等，利用 ICP-MS 检测组分中的 Hg、Cd、As、Pb、Cu、Zn 等元素的伴生关系，研究硒与相关元素的结合形态。

（7）农产品中硒形态、硒与重金属结合形态分析：利用高效液相色谱-电感耦合等离子质谱法（HPLC-ICP-MS）对农产品中硒的存在形态进行分析，可鉴定硒代蛋氨酸、硒代胱氨酸、硒甲基硒代半胱氨酸、四价硒、六价硒等硒形态；同时，利用 HPLC-ICP-MS 对农产品中的重金属与硒代蛋氨酸、硒代胱氨酸、硒甲基硒代半胱氨酸、四价硒、六价硒等中的硒形态结合比例予以区分。

（8）土壤微生物组成、土壤微生物酶活、土壤线虫组成分析：通过平板稀释涂布技术检测土壤样品中的总微生物数量、细菌数量、真菌数量、霉菌数量。进一步利用 16S rRNA 技术对土壤微生物的组成进行分析；通过酶联检测试剂盒对土壤样品中的酶活性指标（过氧化氢酶、脲酶、转化酶、多酚氧化酶、脱氢酶、蛋白酶）进行分析；通过线虫分离技术和环境扫描电子显微镜技术对土壤中的线虫组成进行分析。

（9）农产品其他营养素分析：利用氨基酸分析仪分析农产品中的水解氨基酸、游离氨基酸、牛磺酸、羟脯氨酸、氨基丁酸等；利用气相色谱仪分析农产品中的脂肪酸、总脂肪、饱和脂肪、不饱和脂肪；利用高效液相色谱仪分析农产品中的水溶性维生素和维生素 A、D、E、K 以及胡萝卜素。同时，分析探讨农产品中硒含量与其他营养素之间的互作关系。

（10）评价分析：结合已获得土壤、农作物中的数据，通过多因素分析进行建模，对土壤中的硒含量特征以及农作物对硒的利用规律进行评价，并建立模型。

第 2 章 富硒区土壤硒形态及空间分布特征

本章针对广西典型富硒区，开展了土壤中硒的存在形态及其空间分布特征研究，重点开展了耕作层土壤中总硒含量和硒结合形态、生物有效硒含量特征及其空间分布特征研究，并与国内其他典型富硒区（湖北恩施、陕西安康等）作了相关对比研究。通过野外调研和样品采集，分别在广西壮族自治区百色市、河池市、桂林市、玉林市采集 47 个表层土壤样品及其对应的小白菜样品；在陕西省安康市紫阳县双安镇采集 50 个表层土壤样品及其对应的玉米样品。对土壤样品中的全硒含量、各形态硒含量及有效硒含量进行测定，同时测定对应的植物样品中的硒含量。本章将土壤的供硒能力与植物的硒吸收相结合，研究结果为富硒资源的合理、高效利用提供了科学依据。

2.1 广西土壤硒含量及空间分布特征

2.1.1 广西区域地质特征

广西地层发育齐全，自古元古界至第四系均有出露，地层出露面积 23.47 万 km^2，可分为基性-超基性火成岩、中-酸性火成岩、硅质岩、变质岩、海相碎屑岩、陆相碎屑岩、碳酸盐岩和第四系沉积物 8 种岩性。广西沉积岩分布面积最广，其中碳酸盐岩和海相碎屑岩分别占 33.59%和 38.10%，陆相碎屑岩占 6.81%（表 2-1），碳酸盐岩主要分布于河池市、柳州市、来宾市、崇左市和桂林市，南宁市、百色市、贵港市和贺州市有少量分布，陆相碎屑岩主要呈带状沿北东向展布于防城港市-南宁市-贵港市；变质岩主要分布于北海市、玉林市和河池市。不同基岩发育的土壤囊括了 18 种土类，以赤红壤、石灰性土、红壤和砖红壤为主。

表 2-1 广西不同岩性地层分布面积统计表

岩性	面积/km^2	占比/%
第四系沉积物	15403.54	6.56
碳酸盐岩	78820.38	33.59
海相碎屑岩	89426.11	38.10

续表

岩性	面积/km²	占比/%
陆相碎屑岩	15978.17	6.81
硅质岩	3139.38	1.34
变质岩	9837.29	4.19
中-酸性火成岩	20315.60	8.66
基性-超基性火成岩	1764.36	0.75

另外,广西矿产丰富,主要有铜、铅、锌、锰、铝、铁、金、银、锡、钼、钒、汞、钨、锑、铀、煤、稀土、重晶石、膨润土、高岭土、砂锡、砂金、钛铁砂矿等,最重要的含矿层位是泥盆系,其次为石炭系、二叠系、古近系。其中与土壤硒和其他有害重金属元素密切相关的矿产主要包括铜铅锌矿、锰矿、铁矿和煤矿。

2.1.2 广西土壤硒含量及空间分布特征

在我国,土壤硒呈有规律的地带性分布,由西北干旱地区经中部半干旱地区至东南沿海,土壤硒含量分别为 0.19 mg/kg、0.13 mg/kg、0.23 mg/kg,呈高低高"马鞍"形分布趋势。而华南地区发育的砖红壤与黄壤属铝硅酸盐型风化壳,其土壤呈酸性且黏性较强,对硒的吸附作用远大于淋溶作用,富集了较高的硒,一般为 0.1~0.3 mg/kg。广西土壤硒元素含量为 0.06~7.92 mg/kg,平均含量为 0.54 mg/kg,是全国土壤背景值(0.2 mg/kg)的 2.7 倍,与全国土壤相比,广西土壤硒元素表现出高度富集特征。我国已经完成的 1∶25 万多目标区域地球化学调查的 150 万 km² 范围内,富硒土壤仅占 7.67%(表 2-2),其中广西是全国目前发现富硒耕地面积最大的省级行政区。而本次统计的 23474 件样品中,广西富硒土壤(≥0.4 mg/kg)样品为 17958 件,富硒率高达 76.5%,约为全国土壤富硒率的 10 倍。其中有 25 件样品硒元素含量达到土壤硒过剩标准(≥3 mg/kg),为 3.0~7.92 mg/kg。

表 2-2 我国多目标区域地球化学调查区不同分区硒丰缺比例 (单位:%)

地区	缺乏 (≤0.125 mg/kg)	边缘 (0.125~ 0.175 mg/kg)	适量 (0.175~ 0.40 mg/kg)	高 (0.40~ 3 mg/kg)	过剩 (≥3 mg/kg)
湘鄂皖赣区	0.56	7.66	77.64	14.12	0.02
西南区	13.84	29.64	40.82	15.67	0.04
闽粤琼区	10.75	9.28	45.27	34.69	0.01
长江三角洲区	5.17	26.75	62.62	5.46	0.01

续表

地区	缺乏 （≤0.125 mg/kg）	边缘 （0.125～ 0.175 mg/kg）	适量 （0.175～ 0.40 mg/kg）	高 （0.40～ 3 mg/kg）	过剩 （≥3 mg/kg）
东北区	17.72	24.88	56.52	0.88	0.00
京津冀鲁区	5.98	32.76	58.88	2.38	0.00
西北区	11.98	27.41	58.75	1.82	0.04
晋豫区	8.89	32.27	52.76	6.08	0.00
青藏区	15.11	36.71	47.37	0.81	0.00
全国耕地	8.96	24.48	58.88	7.67	0.01

广西土壤硒分布具有明显的空间差异性，硒高含量区主要集中分布在广西中部、中北部及中西部，空间上主要与碳酸盐岩、硅质岩和海相碎屑岩相耦合；中等含量区主要分布在广西东南部和南部区域，空间上主要与中-酸性火成岩相耦合；低含量区主要呈北东向分布在广西东南部和南部区域，空间上主要与变质岩和陆相碎屑岩相耦合。

2.2　广西典型富硒区土壤硒形态特征

2.2.1　土壤硒形态分类

土壤中硒形态通常可分为化学价态和浸提形态两种分类方式。土壤中硒的形态及价态对植物吸收累积硒有着直接影响。硒主要以四种氧化价态存在（-II, 0, IV, VI）（Sharma et al., 2015）。硒在土壤中按化学形态划分为硒酸盐、亚硒酸盐、元素态硒、硒化物和有机态硒（Fio et al., 1991）。硒酸盐[Se(VI)]和亚硒酸盐[Se(IV)]是易被植物吸收的主要硒源（Hawrylak-Nowak, 2013）。按浸提形态划分通常是以不同的化学浸提剂提取作为划分标准，国内外科学家在形态划分上做了大量研究，也出现了多种分类方法。很多学者在后续的研究中进行了细化，最具代表性的是五步提取法（瞿建国等，1997）：利用盐溶液（氯化钾）、磷酸二氢钾-磷酸氢二钾、盐酸、过硫酸钾连续化学浸提，将硒划分为水溶态、交换态及碳酸盐结合态、铁锰氧化物结合态、有机结合态及残渣态。这些形态按浸提的难易程度排列，同时也反映了它们被植物吸收利用的难易程度，即越难浸提的形态，通常被植物吸收利用的难度也越大。

2.2.2　典型富硒区土壤硒形态特征

本节选取广西南部、中西部及北部典型富硒研究区土壤样品47件[其中包括：百色市（1~8号，分别为那坡村、刘屋、那标、永靖村、乐屯、酒屯、那闷、永乐），河池市（9~27号，分别为盘当、民安村、巴太、巴廖、文福、那同、塘华、牛坪、牛怀、岩凤、独山村、塝达村、围村、下兰、良伞、陈双村、塘英、后板、坡北），桂林市（28~37号，分别为矮岭村、大村、樟峡村、上塘、车渡、沧头、岭脚底、南新村、羊田村、东立村），玉林市（38~47号，分别为贵六坡、五柳、佛子岭、军泉、大路牌、凤东村、陈村、下罗村、杏村、南流村）] 测定分析，浸提的水溶态（SOL）、交换态及碳酸盐结合态（EXC）、铁锰氧化物结合态（FMO）、有机结合态（ORG）及残渣态（RES）的平均含量分别为 0.015 mg/kg、0.067 mg/kg、0.038 mg/kg、0.271 mg/kg 和 0.290 mg/kg（表2-3）（已剔除异常采样点——那坡村、那标、乐屯、酒屯及那闷，下同），多数样点都表现出 RES-Se＞ORG-Se＞EXC-Se＞FMO-Se＞SOL-Se（图2-1），且广西地区土壤以 RES-Se 和 ORG-Se 形态为主，两种形态平均占比分别为 42.89% 和 35.75%。土壤 FMO-Se 含量占总硒含量的 0.85%~20.00%，平均为 6.74%；而普遍被认为是生物有效性硒的 SOL-Se 和 EXC-Se 的含量仅占土壤总硒含量的 6.75%~29.45%（几何平均值为 14.62%）。

表 2-3　广西土壤中硒形态含量统计表

硒形态	最小值/(mg/kg)	最大值/(mg/kg)	平均值/(mg/kg)	标准差/(mg/kg)	变异系数/%
SOL-Se	0.005	0.042	0.015	0.006	42.93
EXC-Se	0.028	0.187	0.067	0.037	54.50
FMO-Se	0.003	0.107	0.038	0.028	73.69
ORG-Se	0.076	0.777	0.271	0.179	66.08
RES-Se	0.008	1.185	0.290	0.287	98.80

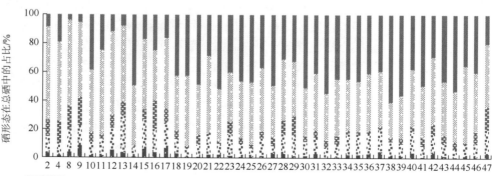

图 2-1　研究地区 42 个土壤样品的硒形态分布

2.2.3 土壤硒形态间的转化

土壤中硒的化学价态和分布主要受多种反应的综合影响,如氧化还原、吸附解吸、矿化固定化以及络合反应(Li et al.,2015;Sharma et al.,2015),所有反应均会受到土壤性质的影响(Li et al.,2017;Ros et al.,2016)。通常自然条件下土壤中不同价态硒的含量比例如图 2-2 所示:亚硒酸盐占土壤总硒量的 40%,是土壤中硒的主要存在形态,亚硒酸盐本身具有很强的氧化性和水溶性,是植物最易吸收利用的价态,但同时也易被土壤吸附固定,这是由其本身的强氧化性和水溶性决定的。硒酸盐是硒的最高价态,在土壤中约占 10%,易溶于水,也是植物易吸收利用的价态。元素态硒和金属硒化物约占土壤总硒的 25%,有机态硒与其比例相当(董广辉等,2002)。元素态硒与金属硒化物难溶于水,是植物不能直接利用的价态,但适宜条件下可转化为无机形态的硒,从而被植物所吸收利用。硒化物则是一种难溶于水、难被植物吸收利用的形态,主要存在于半干旱土壤中,在风化作用下可以转化为可溶态有机硒或无机硒而被植物吸收利用(Pyrzyńska,2000;Finley,2006;Eich-Greatorex et al.,2007)。有机硒大多是由植物腐解过程产生的,通过生物的分解作用转化为易被植物吸收利用的有机态或无机态硒,是土壤有效硒的主要来源。同时土壤中的有机态硒还存在挥发损失,通过微生物的分解作用生成烷基硒化物而损失(廖金凤,1998)。不同价态硒可在特定条件下通过氧化还原作用、生化作用、甲基化作用等途径实现相互转化(图 2-3),这对于后续研究土壤硒有效性有十分重要的作用。

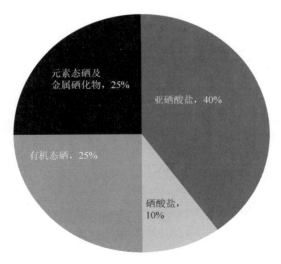

图 2-2 不同形态硒在土壤中的分布比例(董广辉等,2002)

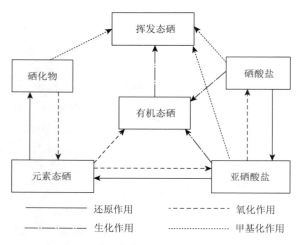

图 2-3 不同价态硒间相互转化图（董广辉等，2002）

2.3 广西与湖北、陕西等典型富硒区土壤硒分布的地域分异

目前我国已经完成的1∶25万多目标区域地球化学调查的150万km^2范围内，富硒土壤仅占 7.67%。土壤中的硒在大尺度上的地域分异成因仍不明确，但大量研究表明，土壤成土母质和成土过程是非常重要的影响因素。例如，我国典型富硒区湖北恩施，因土壤母质为二叠纪时期形成的黑色碳质页岩和富硒煤层，埋藏较浅、出露地面后经风化形成土壤富硒；类似地，在陕西紫阳地区，也发现两片异常大面积的富硒区域，这主要归因于该地区广泛分布的寒武系鲁家坪组碳硅板岩以及下志留统大贵坪组碳质板岩及含硅页岩，这些岩石同样是土壤高硒的主要原因。而广西富硒区主要与碳酸盐岩、硅质岩、海相碎屑岩和中-酸性火成岩相耦合，这很有可能是上述富硒区硒含量存在差异的主要原因（表2-4）。

表 2-4 广西、陕西、湖北土壤硒含量对比表 （单位：mg/kg）

硒含量	广西		陕西		湖北
	扶绥、邕宁、田东、田阳、平果、隆安、永福、龙胜等地	巴马	安康	紫阳	恩施
平均值	0.429	0.416	0.578	0.943	0.72
范围*	0.0012~6.64	0.0015~6.64	0.002~3	0.0015~37	未定

*此处范围指的是研究区土壤硒含量测定值范围。

表 2-5 为陕西双安硒中毒区硒形态含量，将广西富硒土壤与该区域土壤硒形态分布相比，发现残渣态硒含量占总硒的百分比基本相同，广西和陕西分别为

42.89%和 47.97%，铁锰氧化物结合态硒含量陕西（23.30%）高于广西（6.74%），但土壤中有效硒（水溶态和交换态硒的和）占总硒的比例，广西土壤（14.62%）远远高于陕西土壤（5.37%），土壤潜在有效硒——有机结合态硒占总硒的比例也是广西土壤（35.75%）显著大于陕西土壤（23.36%），这些都说明广西富硒土壤的有效性远远高于陕西安康紫阳富硒土壤，在富硒资源开发中要采取各种措施做好有效硒的调控，以保证生产中安全、硒含量稳定的富硒农产品。

表 2-5 陕西双安硒中毒区土壤中各形态硒含量

硒形态	陕西	均值/(μg/kg)	最大值/(μg/kg)	最小值/(μg/kg)	中值/(μg/kg)	百分含量/%
水溶态硒（SOL-Se）	四价（Se^{4+}）	17.7±17.5	122.03	0	12.84	0.43
	六价（Se^{6+}）	18.6±34.3	255.99	0	7.85	0.46
	总硒	36.4±46.5	319.38	0.00	21.81	0.89
交换态硒（EXC-Se）	四价（Se^{4+}）	127.0±153.4	892.95	5.53	75.59	3.10
	六价（Se^{6+}）	56.6±65.0	344.02	0.63	31.48	1.38
	总硒	184.0±207.1	1081.00	8.13	119.14	4.48
铁锰氧化物结合态硒（FMO-Se）		956.2±1985.6	16533.00	32.50	355.76	23.30
有机结合态硒（ORG-Se）		958.4±2058.0	16740.1	28.51	321.16	23.36
残渣态硒（RES-Se）		1968.2±2119.0	16422.9	40.67	1438.52	47.97
总硒（T-Se）		4103.1±5168.4	36072.9	205.91	2720.14	—

参 考 文 献

董广辉, 武志杰, 陈利军, 等. 2002. 土壤-植物生态系统中硒的循环和调节[J]. 农业系统科学与综合研究，（1）：65-68.

廖金凤. 1998. 海南省土壤中的硒[J]. 地域研究与开发, 17（2）：65-68.

瞿建国, 徐伯兴, 龚书椿. 1997. 连续浸提技术测定土壤和沉积物中硒的形态[J]. 环境化学, 16（3）：277-283.

Eich-Greatorex S, Sogn T A, Ogaard A F, et al. 2007. Plant availability of inorganic and organic selenium fertiliser as influenced by soil organic matter content and pH [J]. Nutrient Cycling in Agroecosystems，79：221-231.

Finley J W. 2006. Bioavailability of selenium from foods [J]. Nutrition Reviews，64：146-151.

Fio J L, Fuji R, Deverel S J. 1991. Selenium mobility and distribution in irrigated and nonirrigated alluvial soils [J]. Soil Science Society of America Journal，55（5）：1313-1320.

Hawrylak-Nowak B. 2013. Comparative effects of selenite and selenate on growth and selenium accumulation in lettuce plants under hydroponic conditions [J]. Plant Growth Regulation，70（2）：149-157.

Li Z, Liang D L, Peng Q, et al. 2017. Interaction between selenium and soil organic matter and its impact on soil selenium bioavailability：A review [J]. Geoderma，295：69-79.

Li Z, Man N, Wang S S, et al. 2015. Selenite adsorption and desorption in main Chinese soils with their characteristics and physicochemical properties[J]. Soil Sediment, 15: 1150-1158.

Pyrzyńska K. 2000. Determination of selenium species in environmental samples [J]. Microchim Acta, 140: 55-52.

Ros G H, van Rotterdam A M D, Bussink D W, et al. 2016. Selenium fertilization strategies for bio-fortification of food: An agro-ecosystem approach [J]. Plant & Soil, 404 (1-2): 99-112.

Sharma V K, Mcdonald T J, Sohn M, et al. 2015. Biogeochemistry of selenium: A review [J]. Environmental Chemistry Letters, 13 (1): 49-58.

第3章 土壤硒活性的影响机制与调控技术

红壤与赤红壤是南方典型的两种土壤类型，而广西主要土壤中占土壤总面积34.95%的红壤和30.05%的赤红壤硒含量较高，赤红壤硒含量最高，平均含量0.964 mg/kg，红壤硒平均含量 0.645 mg/kg（班玲和丁永福，1992），广西具备了开发富硒功能农产品得天独厚的土壤条件。但广西天然农产品硒含量却较低，调查发现，富硒土壤上部分天然稻米硒含量只有 0.03～0.06 mg/kg，玉米只有0.043 mg/kg，砂糖橘、酿酒葡萄、金橘等分别只有 0.0014 mg/kg、0.0044 mg/kg和 0.003～0.008 mg/kg，永福罗汉果平均也只有 0.023 mg/kg，均难达到富硒农产品中的硒含量要求标准［广西地方标准《富硒农产品硒含量分类要求》（DB45/T1061—2014）：水稻、玉米硒含量 0.15～0.50 mg/kg，水果为 0.01～0.10 mg/kg，罗汉果为 0.15～2.00 mg/kg］；显然，土壤总硒含量不是控制植物硒含量的最主要因素（李杰等，2013），土壤有效硒含量才是决定植物硒含量的主要因素（唐玉霞等，2008）。针对富硒区土壤硒活性较低等现象，本章开展了土壤硒素活性关键因子研究。具体研究了pH、土壤水分、氧化还原电位、土壤微生物群落等因素对土壤硒生物有效性的影响，并成功筛选出土壤硒活性的关键影响因子，并进一步研究了有机无机物料及微生物组配调理对土壤硒有效性及作物硒含量的调控作用，揭示了广西区域土壤环境下硒的活化机理。这一研究不仅形成了以广西为主的富硒区域硒素高效活化调控策略，还为南方富硒土壤的开发利用提供了理论依据和技术支持。

3.1 富硒土壤有效硒测定和评价方法筛选

土壤总硒大部分不属于有效硒或生物有效硒非常低时，硒的化学种类是影响土壤中硒的地球化学过程和有效硒含量的关键因素（Lenz，2008；Keskinen et al.，2009）。准确预测土壤中硒的生物有效性对高硒地区的风险评估和富硒地区的土地资源开发利用至关重要，但是目前世界范围内尚未建立一种普遍适用于评价土壤硒的生物有效性的方法。植物根系固相、溶相和吸收机制之间的动态关系对吸收硒与重金属也起着至关重要的作用。薄膜扩散梯度（DGT）技术被认为是"生物模拟的原位被动富集技术"，能真实地模拟植物根系吸收硒与重金属的过程中硒与重金属的释放（Zhang et al.，2001，2004）。因此本研究从富硒地区采集了

50 个玉米和相应的土壤样品，选用了四种类型的浸提剂浸提土壤中的有效性硒，包括中性浸提剂（去离子水，0.25 mol/L KCl）、碱性浸提剂（0.1 mol/L NaOH）、有机络合剂（0.05 mol/L EDTA-2Na，0.005 mol/L DTPA + 0.1 mol/L TEA + 0.01 mol/ L AB-DTPA）和其他盐类浸提剂[0.1 mol/L 磷酸盐缓冲溶液（PBS，pH7.0），0.5 mol/L NaHCO$_3$（pH 8.5）]（EDTA：乙二胺四乙酸，DTPA：二乙基三胺五乙酸），结合薄膜扩散梯度技术和五步连续浸提法评价了硒的有效性，并通过将测定结果与玉米籽粒硒含量的相关性进行分析，以筛选最佳方法。

结果显示，七种单一化学浸提剂中以氢氧化钠的浸提量最高，占土壤总硒的 20%。除了 NaOH 浸提法未检测到 Se^{6+}外，其余所有的浸提剂如 H$_2$O、KCl、PBS、NaHCO$_3$、EDTA-2Na 和 AB-DTPA（1 mol/L NH$_4$HCO$_3$、0.005 mol/L DTPA，pH 7.6）都可以同时浸提出 Se^{6+}、Se^{4+}和 Se^{2-}。结合表 3-1 不同浸提剂浸出土壤有效硒含量与植物硒浓度之间的相关关系，研究发现不同的评价方法对天然富硒土壤中硒生物有效性的预测能力顺序依次为：PBS＞KCl＞H$_2$O＞NaHCO$_3$＞EDTA＞DTPA＞NaOH（图 3-1）。可见，磷酸盐缓冲液（PBS）浸提法是测定土壤有效硒含量的可靠方法。但当土壤中硒浓度＞3 mg/kg 时，单一浸提法提取土壤有效硒含量与植物对硒的吸收量间的相关性较低，需要寻求另外的方法。

表 3-1　不同浸提剂提取的土壤有效硒含量与植物硒浓度之间的相关关系

处理	$C^a_{全部植物}$	$C^b_{高硒植物}$	$C^c_{低硒植物}$
CDGT-Se	0.933**	0.675**	0.757**
Csoln-Se	0.903**	0.551*	0.742**
CPBS-Se	0.864**	0.515*	0.555**
CWater-Se	0.773**	0.445	0.698**
CKCl-Se	0.794**	0.564*	0.658**
CNaHCO$_3$-Se	0.712**	0.370	0.654**
CEDTA-Se	0.684**	0.307	0.602**
CDTPA-Se	0.635**	0.208	0.612**
CNaOH-Se	0.483**	0.355	0.257
CF1 + F2-Se	0.892**	0.794**	0.621**

注：C 表示浓度；a. 所有植物的硒浓度（$n = 50$）；b. 高硒植物的硒浓度（$C_{植物}$＞3 mg/kg；$n = 50$）；c.低硒植物的硒浓度（$C_{植物}$＜3 mg/kg；$n = 50$）；**表示达到 99%的显著相关；*表示达到 95%的显著相关，下同。

DGT 技术在评估天然富硒土壤中硒的生物有效性方面具有很高的应用价值：测定结果表明，DGT＞土壤溶液＞PBS，且 DGT 测定结果和土壤溶液中硒含量与玉米籽粒中相关性在所有的方法中最高。DGT 测定的硒浓度（CDGT）与孔隙水中硒浓度（Csoln）的比值为 0.13，说明土壤固相中补给硒的能力极低。

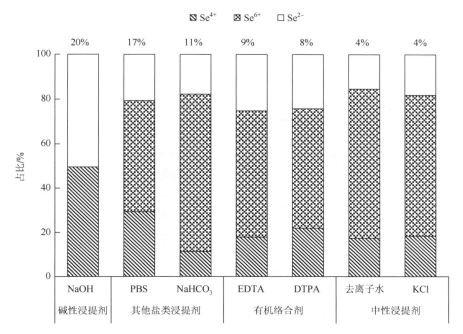

图 3-1　7 种常用的测定土壤有效硒的浸提剂的浸提结果

柱状图上方的数字表示不同浸提剂得到的有效硒含量占总硒比例

DGT 测定的硒主要来源可以准确反映植物硒吸收的土壤中的可溶态硒和可交换态硒。因此，DGT 技术在评估天然富硒土壤中硒的生物有效性方面具有很高的应用价值。

3.2　土壤总硒与植物硒含量特征

选取研究区域 42 个表层土壤与大白菜硒含量数据，经逐步剔除平均值加减 3 倍标准差的样点数据后，土壤总硒及大白菜硒含量均符合对数正态分布[注：剔除采样点那坡村（'卷筒青'，$n=1$）；那标、乐屯、酒屯及那闷（芥菜，$n=4$）]。广西表层土壤硒含量范围为 0.153～2.171 mg/kg，平均为 0.681 mg/kg，高于中国土壤硒的平均含量 0.290 mg/kg（Tan et al.，2002）及世界土壤硒含量的平均水平 0.4 mg/kg（Fordyce，2013），变异系数为 75%，属于中等变异性，说明土壤硒含量分布极不均匀。该区域大白菜硒含量范围为 0.010～3.152 mg/kg，均值为 0.304 mg/kg，变异系数为 167%，属于强变异性，说明大白菜硒含量分布差异很大，且远远大于土壤总硒含量。根据谭见安（1996）对土壤硒与作物硒含量分级及效应标准（表 3-2），研究区硒适度土壤占比为 35.72%，达到富硒水平的土壤占比为

61.90%，而潜在缺硒土壤（即边缘）仅约占样品总量的 2.38%，无缺硒和硒中毒样品。与此不同，大白菜硒含量缺乏和边缘的比例分别为14.29%和9.52%，处于适度和富硒水平共占样品总数的 71.43%，且有 4.76%的大白菜硒含量达到硒中毒水平。

表 3-2　研究地区表层土壤与大白菜硒含量等级划分及硒效应

土壤总硒			大白菜总硒		
硒含量/(mg/kg)	硒效应	比例/%	硒含量/(mg/kg)	硒效应	比例/%
≤0.125	缺乏	0	≤0.025	缺乏	14.29
0.125~0.175	边缘	2.38	0.025~0.040	边缘	9.52
0.175~0.40	适度	35.72	0.040~0.070	适度	14.29
0.40~3.0	富硒	61.90	0.070~1.0	富硒	57.14
≥3.0	中毒	0	≥1.0	中毒	4.76

3.3　土壤中有效硒与植物的相关性

广西地区土壤中有效硒（连续浸提法）的含量范围为 0.033~0.229 mg/kg，平均为 0.082 mg/kg；而用 PBS 浸提的有效硒含量为 0.029~0.185 mg/kg，平均为 0.080 mg/kg，略低于连续浸提法测定的含量。利用 SPSS 19.0 对不同方法测定的土壤有效硒含量和大白菜硒含量进行相关性分析（剔除异常值——采样点刘屋），结果如图 3-2 所示。两种方法测定的土壤有效硒含量和大白菜硒含量均呈显著正相关（$p<0.01$），相关系数分别为 0.569（连续浸提法）和 0.525（PBS），表明广西地区土壤中用连续浸提法和 PBS 浸提的有效硒对反映自然土壤中的有效硒含量差异不大。

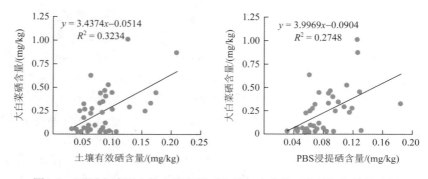

图 3-2　不同方法测定的土壤有效硒含量与大白菜硒含量间相关性分析

3.4 土壤有效硒与各硒形态的相互关系

为了评估广西地区土壤有效硒与各硒形态含量之间的关系，对其进行了相关性分析。由表 3-3 可知，除土壤 SOL-Se 外，EXC-Se、FMO-Se、ORG-Se 和 RES-Se 含量间两两极显著相关（$p<0.01$）。总硒含量（T-Se）与 A-Se（SOL-Se+EXC-Se）及 PBS-Se 均呈极显著相关（$p<0.01$），相关系数分别为 0.880 和 0.796。而 A-Se 与土壤各硒形态呈极显著正相关（$p<0.01$），且 EXC-Se 与 A-Se 的相关系数（R）最大，为 0.988。此外，除 SOL-Se，PBS-Se 与土壤各硒形态均呈极显著相关（$p<0.01$），其与 EXC-Se 间相关性最强，R 为 0.793。

表 3-3 土壤有效硒与各硒形态含量间相关系数

硒形态	SOL-Se	EXC-Se	FMO-Se	ORG-Se	RES-Se	T-Se	A-Se	PBS-Se
SOL-Se	1.000							
EXC-Se	0.323*	1.000						
FMO-Se	0.304	0.691**	1.000					
ORG-Se	0.331*	0.831**	0.672**	1.000				
RES-Se	0.368*	0.835**	0.629**	0.917**	1.000			
T-Se	0.375*	0.875**	0.699**	0.968**	0.984**	1.000		
A-Se	0.463**	0.988**	0.696**	0.831**	0.840**	0.880**	1.000	
PBS-Se	0.335*	0.793**	0.548**	0.763**	0.733**	0.796**	0.772**	1.000

以往的研究成果中，土壤 SOL-Se 一致地被认为是易于被植物吸收利用的形态，王松山（2012）通过路径分析方法研究土壤中不同形态硒与植物吸收硒，得出 SOL-Se 和 EXC-Se 是植物吸收硒的直接来源。因此，本研究建立 PBS-Se 与 A-Se 的关系模型为

$$y = 0.6774x + 0.0226 \ (R = 0.796, p<0.01)$$

通过本研究可以发现，土壤中连续浸提法浸提的有效硒含量（SOL-Se 和 EXC-Se 含量之和）近似等于 PBS-Se 含量（图 3-3）。

将连续浸提法浸提的有效硒和 PBS 浸提法浸提的有效硒作为两组数据进行独立样本 t 检验（表 3-4），方程检验中 $F = 0.389$，因其 p 值大于显著性水平，即 Sig. = 0.534>0.05，说明不能拒绝方差相等的原假设，接受两个总体方差是相等的假设。t 检验中 p 值大于显著性水平，即 Sig. = 0.687>0.05，因此不应该拒

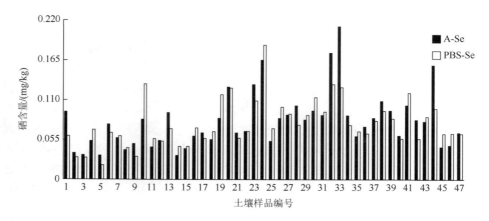

图 3-3　不同浸提方法测定有效硒含量和对比

绝原假设,也就是说两种方式测定的硒的有效性没有显著差异,说明连续浸提法和 PBS 浸提法浸提的有效硒均是易于被植物吸收的形态。

表 3-4　独立样本 t 检验结果

检验方法			假设方差相等	假设方差不相等
方差方程的 Levene 检验	F		0.389	
	Sig.		0.534	
均值方程的 t 检验	t		0.404	0.404
	df		92	89.154
	Sig.(双侧)		0.687	0.687
	均值差值		0.0030	0.0030
	标准误差值		0.0073	0.0073
	差分的 95%置信区间	下限	−0.012	−0.012
		上限	0.018	0.018

3.5　土壤硒有效性的影响因子及机制

土壤硒赋存形态与化学价态两者相互包含,亚硒酸盐、硒酸盐或有机态硒溶解于水则为水溶态硒,元素态硒在微生物等作用下可转化为有机结合态硒或交换态硒甚至是水溶态硒而被植物吸收利用。水溶态硒或交换态硒也可能被还原为元素态硒或被土壤胶体固定转化为残渣态硒,不同价态间的转化伴随着形态的变化。而从浸提形态角度人为划分更利于我们了解土壤硒的迁移转化，也更易于与植物吸收利用相联系。对国内外文献的分析研究后可以认为，pH、土壤含水量、氧化还原条件、有机质含量、微生物及土壤中其他离子等这些因子的变化影响着局部土壤中硒的形态或价态变化，因此可以认为是影响硒形态的主要因子，从而决定着植物对硒的吸收与积累。提高土壤硒有效性的过程可以认为是土壤硒形态间转化的过程，因此有利于提高土壤中水溶态硒及交换态硒的方法均可以理解为提高土壤硒有效性的途径。国内外大量研究分析了土壤的硒形态及影响因素，并总结了前人研究结果，认为提高土壤硒有效性的途径主要包括：调节土壤酸碱度、调整土壤水分含量、改变氧化还原电位、促进有机-无机吸附过程、强化微生物作用，以及调控其他离子的相互作用等。针对南方富硒区土壤类型，选取了广西作为典型代表，深入开展了土壤理化因子及生物因子对其有效硒影响的研究。

3.5.1　土壤理化因子对硒活性的影响

1）土壤理化性质与总硒、有效硒相关性研究

在广西南部、北部、西部、东部和中部五个区域，随机布点采集 126 个样品进行理化性质分析，研究其与土壤总硒和有效硒的相关性。表 3-5 研究结果表明：土壤总硒与土壤 pH 呈负相关，土壤有效硒与土壤全磷、速效磷、pH 呈正相关。此研究结果表明：要提高土壤硒有效性，磷与 pH 是关键因子。

表 3-5　土壤理化性质与总硒、有效硒相关性

项目	全氮	全磷	全钾	速效氮	速效磷	速效钾	有机质	pH
总硒	−0.132	−0.016	−0.229	0.115	−0.053	0.138	−0.199	−0.492
有效硒	0.187	0.267	−0.296	0.013	0.353	−0.068	0.184	0.433

2）土壤水分对富硒土壤中有效硒的影响

从上述土壤中筛选总硒含量高、有效硒含量低的典型富硒区域土壤，红壤、赤红壤各一个，开展不同土壤水分含量对土壤有效硒影响土壤培养试验。试验设置 5 个含水量梯度：0、30%、50%、70%、90%，分别在第 7 d、第 15 d、第 30 d 取样，连续培养 30 d。培养期间，通过称重法，以去离子水来补充因蒸发而损失的水分。试验结果表明：不同土壤类型，土壤水分对硒有效性影响不同。在富硒赤红壤上不同水分含量条件下土壤硒有效性波动较大，其中含水量 30%条件下有效硒随培养时间增加而显著下降；在 50%含水量条件下有效硒在第 30 d 时显著提

高；含水量在 70%和 90%条件下时均出现了先升高后降低的情况，但第 15～30 d 差异不显著。富硒红壤上水分含量在 30%条件下时，第 15 d 前其有效硒含量均与对照无显著差异，第 30 d 时显著下降；50%条件下时出现先升高后降低的趋势；70%条件下时趋势与 50%条件下完全相反；90%条件下时有效硒含量随培养时间增加显著下降；但总体趋势富硒红壤波动没有富硒赤红壤大（图 3-4、图 3-5）。说明在不同土壤类型条件下，水分含量不同对土壤有效硒影响结果也会不同，需根据土壤类型选择较为适宜的水分含量。

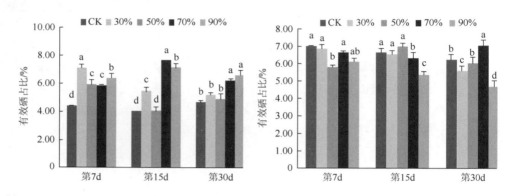

图 3-4　不同水分含量对富硒赤红壤硒有效性的影响　　图 3-5　不同水分含量对富硒红壤硒有效性的影响

不同字母表示不同处理间在 5%的显著性差异　　　　　　不同字母表示不同处理间在 5%的显著性差异

3）不同 pH 对富硒土壤硒形态的影响

供试土壤为富硒赤红壤和富硒红壤。共设置 4 个梯度，连续培养 30 d 后，风干磨细测定不同处理条件下的硒形态。其中 P 代表富硒赤红壤，Y 代表富硒红壤，pH 分别为 4.0、5.0、6.0 和 7.0，不同土壤表示为 P-pH 或 Y-pH。试验结果表明：两种土壤硒形态均随土壤 pH 变化而变化。富硒赤红壤中，土壤有效硒随 pH 升高而出现先升高后降低的情况，pH 5～6 时有效硒含量最高，从其他形态硒的变化可以推测提高的有效硒由残渣态转化而来。富硒红壤中，土壤有效硒在 pH 4～6 时无显著差异，但当 pH 达到 7 时土壤有效硒显著提高，说明在富硒红壤上 pH 的提高有利于提高土壤有效硒含量，而根据其他形态硒的变化可以推测有效硒提高主要来自铁锰氧化物结合态硒的转化（图 3-6、图 3-7）。

4）土壤溶解性有机质（DOM）对土壤硒形态及有效性的影响

有机质对硒有效性的影响具有双重作用，一方面存在以大分子有机物为主要络合、沉淀物质的固定作用，从而降低其有效性（Tolu et al., 2014）；另一方面可通过小分子 DOM 等络合或溶解土壤中的硒，进而提高其有效性（Park et al.,

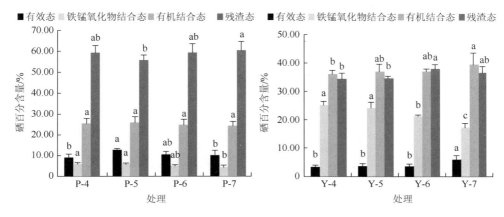

图 3-6 不同 pH 对富硒赤红壤土壤硒形态的影响

不同字母表示不同处理间在 5%的显著性差异

图 3-7 不同 pH 对富硒红壤土壤硒形态的影响

不同字母表示不同处理间在 5%的显著性差异

2011)。土壤中的硒大多与 DOM 结合,包含亲水性酸(Hy)、富里酸(FA)、胡敏酸(HA)和憎水性有机物(HON),DOM 中超过一半的成分是腐殖物质(Supriatin et al., 2015)。DOM 通过其官能团与硒发生吸附、还原和配位交换等作用(Wang et al., 2019)。为进一步了解土壤 DOM 质和量的变化及硒形态的转化,采集南方(江西红壤)和北方(陕西杨陵塿土)作为酸性土壤和碱性土壤的代表,设置了种植小麦和不种植对照,探讨了秸秆还田和植物种植对土壤 DOM 分布特征及其对硒有效性的影响。通过分析种植前后土壤 DOM 结合态硒的分布特征及其与小麦各部位硒含量的关系,结合 DOM 的定量、紫外-可见光吸收光谱(UV-Vis)、衰减全反射-傅里叶红外光谱(ATR-FTIR)及三维荧光光谱(3D-EEM)结合平行因子分析,揭示了其影响机制。结果表明:与土壤种类无关,秸秆还田显著降低了 Se(Ⅵ)的生物有效性($p<0.05$),且与对照相比,红壤中小麦各部位硒含量下降幅度均显著高于塿土(图 3-8),籽粒中硒含量下降高达 34%以上,这主要由于秸秆还田促进了 Se(Ⅵ)向 Se(Ⅳ)的还原,而酸性红壤中 HA 较高,对 Se(Ⅳ)的固定作用更强。

此外,秸秆还田促进了土壤溶液中 SOL-Hy-Se 及 SOL-FA-Se 组分向芳构化及疏水性更高的 SOL-HON-Se 和存在于土壤颗粒表面的 EXC-FA-Se 的转化(图 3-9)。其中,SOL-HON-Se 因其较强的移动性直接影响土壤有效硒。而 EXC-FA-Se 与小麦籽粒硒含量呈显著负相关($p<0.01$),是小麦籽粒硒的主要来源之一。与小麦种植前相比,收获后塿土中 EXC-FA-Se 含量增幅最大(101%~273%),红壤中几乎未检测到 SOL-HON-Se。小麦根际分泌物提高了土壤中与 Hy 结合硒的组分,进而提高了土壤硒的有效性。

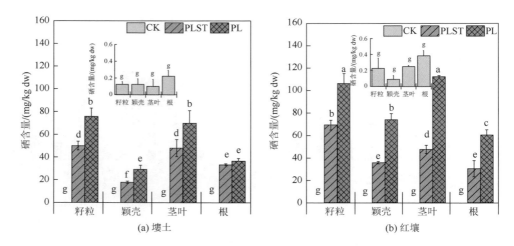

图 3-8　两种土壤种植小麦籽粒、颖壳、茎叶及根部硒含量

CK 为未施加硒及秸秆还田处理，PLST 为外源施硒并秸秆还田处理，PL 为仅外源施硒未秸秆还田处理；Duncan 多重比较的不同字母表示两种土壤不同处理间在 5% 的显著性差异（$p<0.05$），下同

另外，随着秸秆还田时间的增长，各处理中 DOM 均呈现由简单结构的小分子（如 Hy 和 FA）向芳构化程度较高的大分子（HA）转化的趋势，同时伴随着与之结合态 Se 的还原和固定（图 3-10）。因此，秸秆源 DOM 降低硒生物有效性，

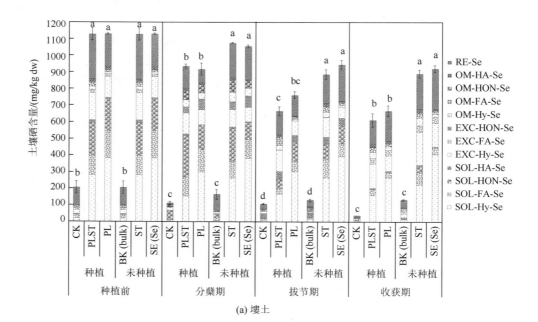

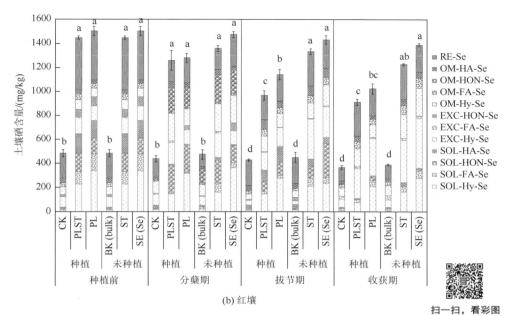

(b) 红壤

图 3-9 种植前、分蘖期、拔节期及收获期两种土壤 DOM 结合态硒的含量变化

BK（bulk）为不种植，ST 为 Se + 不种植 + 秸秆还田，SE（Se）为 Se + 不种植 + 不还田，Duncan 多重比较的不同字母表示两种土壤不同处理间在 5%的显著性差异（$p<0.05$）

而植物根际分泌物则对硒有效性有提升作用。这些效应均与 DOM 的组成、芳构化及官能团特性及其与 Se 的结合方式密切相关，是土壤硒生物有效性的决定因素。

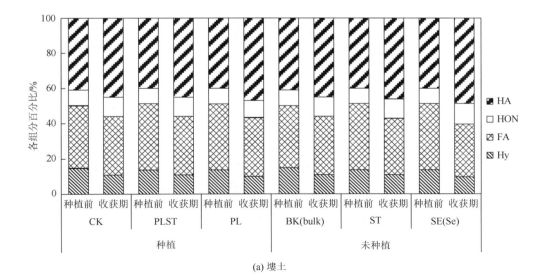

(a) 塿土

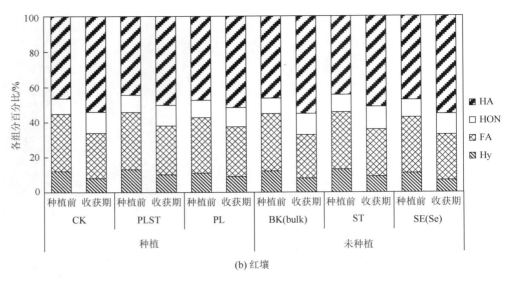

图 3-10　种植前（P）及收获期（R）两种土壤磷酸盐浸提 DOM 各组分占比变化图

3.5.2　土壤富硒微生物筛选及对土壤有效硒的影响

1）广西富硒区土壤耐硒菌株分离与鉴定

由于广西富硒土壤在中酸性土壤区分布较多，硒易与铁形成溶解性极低的氧化物和水合氧化物，硒有效性大大降低，土壤硒资源优势得不到充分的发挥。微生物在硒的地球化学循环和形态转化中发挥着重要的作用，它们可以通过氧化、还原、同化、甲基化等多种方式代谢硒。研究发现，许多微生物可以耐受高浓度的亚硒酸盐，如假单胞菌属（*Pseudomonas* sp.）、代尔夫特菌（*Delftia tsuruhatensis*）、球形芽孢杆菌（*Bacillus sphaericus*），其耐亚硒酸盐的浓度高达 600 mmol/L（Ghosh et al., 2008）。高硒环境是超耐硒微生物种群的潜在来源，一些学者从湖北恩施渔塘坝筛选出多株超耐硒细菌，彭祚全等（2012）所筛选的鲍氏不动杆菌（*Acinetobacter baumannii*）、地衣芽孢杆菌（*Bacillus licheniformis*）和枯草芽孢杆菌（*Bacillus subtilis*），其耐硒能力高达 25000 μg/mL。高硒胁迫下细菌会产生应激反应，将毒性高的六价硒或四价硒转化成低毒的元素硒。因此，利用微生物对硒的转化作用有可能实现土壤硒的生物活化。目前，我国高硒地区如湖北恩施开展耐硒微生物研究起步较早，而广西关于土壤硒转化相关微生物的研究鲜见报道。因此，在广西主要富硒区永福、巴马、玉林寒山、桂平、藤县等地采集田间土样，利用稀释平板法并通过加硒培养对耐硒微生物进行分离、筛选。经过 10 轮加硒浓度递增筛选，能够在硒浓度 1000 μg/mL 的固体培养基上存活的菌株有 38 株，其中细菌 26 株、霉菌 5 株、酵母菌 7 株，这些菌株均能将亚硒酸钠还原成红色单质硒，在含硒平板上呈现红色菌落。

所筛菌株中，放线菌对硒的耐受性最差，其中 2 株对硒的耐受最高，耐硒浓度也仅为 900 μg/mL，当硒浓度达到 1000 μg/mL 时所有放线菌均不能生长；7 株酵母菌虽然能耐受 1000 μg/mL 硒，但生长很弱，在平板上菌落呈点状；霉菌在 1000 μg/mL 硒的平板上，生长也有不同程度的减弱，表现为菌丝生长受抑制；细菌对硒的耐受性相对较强，所筛细菌中，80%能在硒浓度为 1000 μg/mL 的平板上生长，且大多数细菌生长良好。最后筛选得到 8 株耐硒能力较强的菌株（图 3-11），其在固体培养基中对硒的耐受浓度均在 10000 μg/mL 以上。8 株耐硒菌株中，YLB1-33 耐硒能力最强，其在含硒量为 29000 μg/mL 的固体培养基中仍能微弱生长。通过聚合酶链反应（PCR）扩增出其 16S rDNA（图 3-12），这 8 株菌株的 16S rDNA 序列长度均在 1450 bp 左右。用 BLAST 软件与 GenBank 库中已知序列进行相似性比对，这 8 株耐硒细菌与其同源菌株相似性均在 99%以上，YLB1-6 可初步鉴定为蜡状芽孢杆菌（*Bacillus cereus*），BMB2-1 和 TXB1-8 为短小芽孢杆菌（*Bacillus pumilus*），GPB2-5 为苏云金芽孢杆菌（*Bacillus thuringiensis*），YLB1-26 和 YLB1-33 为地衣芽孢杆菌（*Bacillus licheniformis*），YLB1-2 和 YFB1-8 为黏质沙雷氏菌（*Serratia marcescens*）（表 3-6）。

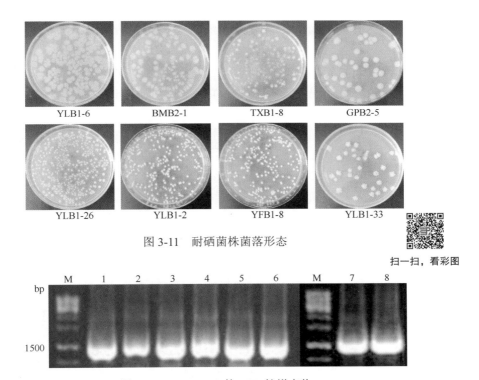

图 3-11 耐硒菌株菌落形态

扫一扫，看彩图

图 3-12 16S rDNA 的 PCR 扩增产物

M：标志物（Marker）；1：YLB1-26；2：TXB1-8；3：YLB1-6；4：BMB2-1；5：YLB1-33；6：GPB2-5；7：YLB1-2；8：YFB1-8

表 3-6 菌株 16S rDNA 序列同源性分析结果

菌株	同源菌株	相似性/%
YLB1-6	蜡状芽孢杆菌 Bacillus cereus DS16	99
BMB2-1	短小芽孢杆菌 Bacillus pumilus MTCC7514	100
TXB1-8	短小芽孢杆菌 Bacillus pumilus RHS/T-384	99
GPB2-5	苏云金芽孢杆菌 Bacillus thuringiensis BAPE1	99
YLB1-26	地衣芽孢杆菌 Bacillus licheniformis CCMMB927	99
YLB1-2	黏质沙雷氏菌 Serratia marcescens SYJ1-9	99
YFB1-8	黏质沙雷氏菌 Serratia marcescens SM39	99
YLB1-33	地衣芽孢杆菌 Bacillus licheniformis XJ-P95	99

以邻接（neighbor-joining）法（MEGA 5.0 软件）构建了广西富硒地区耐硒细菌 16S rDNA 序列的系统发育树（图 3-13）。在系统发育树中，本研究所得耐硒细菌聚集为两个大分支，一个分支为芽孢杆菌属（Bacillus），另一分支为沙雷氏菌属（Serratia）。其中，Bacillus 为优势菌群。结合菌株 16S DNA 序列分析和系统发育树分析，可将 YLB1-6 鉴定为蜡状芽孢杆菌，BMB2-1 和 TXB1-8 鉴定为短小芽孢杆菌，GPB2-5 鉴定为苏云金芽孢杆菌，YLB1-26 和 YLB1-33 鉴定为地衣芽孢杆菌，YLB1-2 和 YFB1-8 为黏质沙雷氏菌。

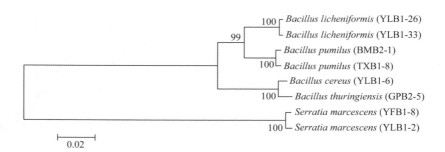

图 3-13 基于 16S rDNA 序列的系统发育树

耐硒微生物在硒的代谢中可实现硒的不同价态的转化，并且能将无机硒转化成有机硒，在土壤硒活化方面具有巨大的应用潜力。广西富硒土壤以酸性红壤和赤红壤居多，土壤硒以亚硒酸盐为主，易被铁的氧化物和黏土矿物吸附，但在耐硒微生物的作用下，强吸附态的亚硒酸盐有可能转化为可溶性有机硒，被吸附固定的硒获得释放，土壤硒的有效性得以提高。耐硒微生物尽管在土壤硒活化方面有巨大的应用潜力，但还是要对其作进一步筛选以获得有效硒转化效率高的菌株，并开展天然富硒微生物活化条件研究及在富硒土壤的定殖能力研究，这对土壤硒资源利用、富硒农产品开发更有重要的现实意义。

2）土壤富硒细菌的筛选、鉴定及其对土壤硒有效性的影响

土壤硒的生物有效性受到环境微生物的显著影响，微生物通过自身代谢作用可以实现硒形态、价态的转化，从而提高土壤硒的生物有效利用率。因此，筛选高效、稳定的具有硒代谢转化能力的富硒微生物，是开发利用土壤硒资源的有效途径之一。本研究团队从前期土壤调查数据筛选土壤总硒含量高的富硒土壤区域，采集新鲜土壤样品，分离获得 38 株耐硒菌株，对不同微生物对硒的耐受能力进行分析后得到：土壤微生物对硒的耐受性表现为细菌＞真菌＞放线菌，土壤细菌能在高硒环境下将无机硒转化且生长良好，说明土壤细菌对硒具有较好的代谢能力。因此，后续研究将侧重于富硒土壤中细菌的分离，采用含硒培养基筛选耐硒细菌，进一步通过富硒试验获得硒转化能力强的菌株，并对其进行鉴定，以期获得硒高效转化微生物载体。

通过一系列培养和筛选及纯化，获得 32 株耐硒细菌：6 株来源于永福，9 株来源于玉林，12 株来源于藤县，5 株来源于桂平，表明广西不同富硒区中，砂页岩母质红壤、赤红壤均有耐硒细菌存在。菌株活化后按 5%接种量转接于 100 mL 液体培养基的三角瓶中，在菌株适宜硒浓度、适宜加硒时间及其合适培养时间条件下进行摇床培养。并将培养好的菌悬液的上清液经消解反应后用原子荧光光度计测量荧光强度值，由标准曲线可得样液的硒浓度，由硒转化率公式[硒转化率（%）=（总硒含量−残留无机硒含量）/总硒含量×100%]获悉菌株的富硒能力，其中有 8 株菌株表现良好（表 3-7），均具有较高的硒转化能力。

表 3-7 耐硒菌株对硒的转化能力试验结果

耐硒菌株	硒转化率/%	耐硒菌株	硒转化率/%
YLB1-6	74.21	TXB2-5	55.31
YLB1-26	20.96	BMB2-1	32.27
YLB1-33	18.73	YFB1-2	13.14
TXB1-10	54.82	GPB1-5	63.30

由菌株生长曲线可知菌株的对数生长期及所需培养时间。对各耐硒菌株进行生长曲线测定后发现，不同耐硒细菌进入对数生长期的时间及其持续时间、到达生长稳定期所需时间均存在差异。从生产周期考虑，本研究筛选出 4 株培养时间较短的菌株进行下一步研究。4 株耐硒细菌分别命名为 YLB1-6（玉林）、TXB1-10（藤县）、TXB2-5（藤县）和 GPB1-5（桂平），通过 PCR 扩增，这 4

株富硒细菌与其同源菌株相似性均为99%（表3-8）；进一步采用邻接方法构建了富硒细菌的系统发育树（图3-14），经鉴定 YLB1-6 为 *Bacillus cereus*，TXB1-10 为中华单胞菌属（*Sinomonas* sp.），TXB2-5 为 *Bacillus thuringiensis*，GPB1-5 为反硝化无色杆菌（*Achromobacter denitrificans*）。目前文献报道的富硒细菌有 *Bacillus*、寡养单胞菌（*Stenotrophomonas*）、肠杆菌属（*Enterobacter*）和恶臭假单胞菌（*Pseudomonas*），而本研究中 *Sinomonas* 和 *Achromobacter* 具有富硒能力为首次报道，丰富了富硒菌株的种类，其生长曲线如图 3-15 所示，YLB1-6 在 1~4 h 处于对数生长期，对数期出现较早且较短，4~7 h 处在稳定期；其他 3 株细菌在 2~6 h 处于对数生长期，6~10 h 处于稳定期。菌株对数生长期细胞生长速率最快，代谢也最为旺盛，这个时期补硒有利于硒的转化，但加硒过早会对菌体代谢活动有抑制作用，过晚菌体发生自溶也会导致转化率低，因此在对数生长期的中期补硒转化效果最好。为进一步确定这4株细菌的适硒浓度，按 1 μg/mL 硒浓度梯度递增，依次制备含硒量为 1~20 μg/mL 的液体培养基，待菌株活化后，按5%接种量依次接种于上述含硒液体培养基中，37℃摇床培养，根据菌液颜色变化确定适宜硒质量浓度。不同硒浓度下，各菌株菌液颜色变化如表 3-9 所示。随着液体培养基中硒浓度的增加，菌液呈不红→红色不明显→红色变化趋势。当菌液出现红色时，说明菌株将 Na_2SeO_3 转化为红色单质硒，为了避免过多单质硒的产生、提高有机硒的转化率，选择菌液呈红色不明显时的硒浓度作为适宜硒浓度，即 YLB1-6 和 TXB2-5 为 6 μg/mL，TXB1-10 为 4 μg/mL，GPB1-5 为 8 μg/mL。

表3-8 菌株 16S rDNA 序列同源性分析结果

菌株	同源菌株	相似性/%
YLB1-6	*Bacillus cereus* strain DS16	99
TXB1-10	*Sinomonas* sp. bE8	99
TXB2-5	*Bacillus thuringiensis* strain BAPE1	99
GPB1-5	*Achromobacter denitrificans* strain BTC3	99

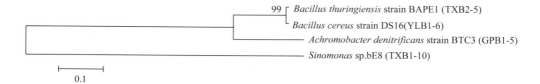

图 3-14 基于 16S rDNA 序列的系统发育树

第 3 章 土壤硒活性的影响机制与调控技术

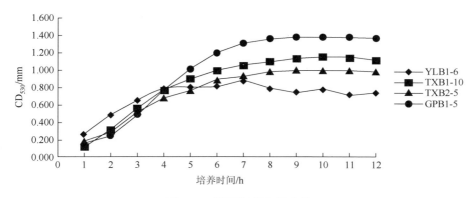

图 3-15 耐硒细菌生长曲线

表 3-9 不同硒浓度菌液颜色变化 （单位：µg/mL）

菌株	Na$_2$SeO$_3$ 浓度																			
	1	2	3	4	5	6	7	8	9	10	11	12	13	14	15	16	17	18	19	20
YLB1-6	−	−	−	−	−	○	+	+	+	+	+	+	+	+	+	+	+	+	+	+
TXB1-10	−	−	−	○	+	+	+	+	+	+	+	+	+	+	+	+	+	+	+	+
TXB2-5	−	−	−	−	−	○	+	+	+	+	+	+	+	+	+	+	+	+	+	+
GPB1-5	−	−	−	−	−	−	−	○	+	+	+	+	+	+	+	+	+	+	+	+

注："−"表示菌液没变红，"○"表示菌液红色不明显，"+"表示菌液呈红色。

添加这 4 个菌株到富硒土壤中，进行盆栽试验，验证菌株对土壤硒的活化能力。土壤经各菌株制成的菌剂处理后，各处理水溶态硒与 CK 相比无明显差异，而可交换态硒均有不同程度的提高（表 3-10）。CK 可交换态硒含量为 0.053 mg/kg，各菌剂处理的可交换态硒含量提高至 0.085~0.112 mg/kg，其中 YLB1-6 和 TXB1-10 菌剂处理均极显著地提高了土壤可交换态硒含量（$p<0.01$），TXB2-5 和 GPB1-5 菌剂处理也显著提高了土壤可交换态硒含量（$p<0.05$）。本研究中，土壤经菌剂处理后，可交换态硒含量显著提高，可能是吸附于氧化物和黏土矿物表面的亚硒酸盐更易与菌株分泌的肽、氨基酸结合从而获得释放，也可能是菌株分泌胞外磷酸酶溶解土壤中的难溶性磷，磷元素释放的同时与之伴生的硒元素也被活化释放，其活化机制有待进一步研究。相关研究表明，通过土壤微生物代谢转化获得的硒是一种重要的生物有效硒，它在提高土壤硒生物有效性方面具有巨大的潜力。因此，土壤富硒细菌作为作物硒生物强化的潜在工具，在富硒作物生产上具有实际应用价值。

表 3-10 不同菌株在土壤中对硒有效性的影响 （单位：mg/kg）

菌株	水溶态硒含量	可交换态硒含量	有效硒含量
CK	0.005 a	0.053 bB	0.058

续表

菌株	水溶态硒含量	可交换态硒含量	有效硒含量
YLB1-6	0.006 a	0.112 aA	0.118
TXB1-10	0.004 a	0.101 aA	0.105
TXB2-5	0.006 a	0.085 aAB	0.091
GPB1-5	0.008 a	0.088 aAB	0.096

注：不同小写字母表示不同处理在 5% 的显著性差异（$p<0.05$）；大写字母表示不同处理间在 1% 的极显著性差异。

3.6　土壤硒与作物生长的关系及调控

3.6.1　植物对土壤硒的吸收、转运及代谢

1）植物对土壤硒的吸收

植物只要种植在含硒土壤中都会或多或少地吸收土壤中的硒，根据植物对硒的吸收能力大小可以将植物分为三种类型（Baker et al., 2000）：非积聚型（<100 mg/kg dw）、积聚型（100～1000 mg/kg dw）和超积聚型（>1000 mg/kg dw）。植物对硒的吸收主要取决于环境条件、土壤和植物等因素，其中最重要的是硒在土壤中的存在形态和浓度。水溶性硒酸盐、亚硒酸盐和有机硒是植物能够利用的主要硒来源。硒和硫是同主族元素，具有相似的化学结构和性质，植物对硒酸盐和硫酸盐的吸收具有极高的相似性，研究表明，在不同的硒酸盐与硫酸盐供给条件下，硒酸盐与硫酸盐均是通过硫转运通道进入植物体内（White et al., 2004），在硫饥饿处理情况下，植物能够上调根部硫转运基因的表达，从而相应地提高植物对硒酸盐的吸收。通常条件下，植物对亚硒酸盐的吸收速率与硒酸盐相似，有时甚至更快。与硒酸盐吸收不同的是，随着硫浓度的增加，供给亚硒酸盐的植物对硒的吸收并没有受到显著影响，因此两者的吸收途径有所差异。越来越多的研究逐渐证实了亚硒酸盐吸收的主动性，并且发现磷转运子（OsPT2）与亚硒酸盐的吸收密切相关，OsPT2 过量表达或者缺失均能直接影响水稻对亚硒酸盐的吸收（Zhang et al., 2014），因此认为亚硒酸盐与磷酸盐的吸收是共用相似的途径。与无机硒相比，植物对有机硒的吸收速率更高，以硒代蛋氨酸（SeMet）和硒代半胱氨酸（SeCys）两种有机态硒为主，并有学者猜测植物很有可能是通过脯氨酸通透酶途径对硒代半胱氨酸和硒代蛋氨酸进行吸收（Guignardi and Schiavon, 2017），但有待进一步证实。

2）植物对不同形态硒的转运及代谢

植物根系从土壤中吸收硒后，在植物体内的迁移转化直接影响植物的生理代

谢和硒的富集积累。硒从植物根部向地上部分转移的快慢和比例也取决于硒的形态，不同形态硒的转运速率大体是硒酸盐＞有机硒＞亚硒酸盐，三者在地上部分与根的分配比例是 1.1~17.2、0.6~1.0 和小于 0.5（陈大清，2004）。植物吸收硒酸盐后，能保持原有形态并随即向地上部转移，硒酸盐虽然具有很高的迁移能力，但其转化为有机硒的速率很低，只有少数硒酸盐转化为其他形态（Huang et al.，2016）。相反，多数植物对亚硒酸盐的转移能力远低于硒酸盐，主要是因为其被根部吸收后极易转化成有机硒等其他形式的含硒物质，而这些生成的物质大部分可以直接积累在根部，因此不易转移到地上部分。但也有例外，如以亚硒酸盐处理的胡萝卜却表现为地上部分硒含量最高、根部最低（彭琴等，2017）。因此作物对硒的迁移应该是作物硒吸收转运能力、作物类型、环境因子及土壤供硒能力与类别等综合作用的结果。

根据土壤硒形态的不同，硒在植物体内的代谢转化也存在一定的差异。植物吸收有机硒后，能保持原有的有机硒形态直接参与代谢，以非特异性的方式参与蛋白质的构成。植物通过根部吸收硒酸盐后的同化代谢过程主要发生在地上部分，其中叶片叶绿体是硒发生同化作用的主要场所，主要代谢途径如图 3-16 所示。与亚硒酸盐相比，硒酸盐需要首先被还原为亚硒酸盐才能进行下一步的转化。根系通过硫酸盐转运子（SULTR1；1 和 SULTR1；2）吸收土壤硒酸盐后，经木质部运输，通过 SULTR3；1 转运因子进入叶片的叶绿体中，在三磷酸腺苷（ATP）参与下，硒酸盐首先被硫酸化酶（利用 ATP 作为能量来源）激活形成 5′-磷酸硒代腺苷（APSe），随后在 5′-磷酸腺苷还原酶（APR）的作用下形成亚硒酸盐。硒酸盐转化成亚硒酸盐后则能进入下一步的还原反应，还原反应过程与硫酸盐类似，由亚硫酸盐还原酶介导，仅在叶绿体中进行。还原反应所产生的硒化物在乙酰丝氨酸（OAS）巯基裂解酶（半胱氨酸合成酶）的作用下与乙酰丝氨酸反应生成硒代半胱氨酸（SeCys）。硒代半胱氨酸可以直接（或跨膜进入细胞质）非特异性地参与蛋白质的构成，也可以继续转化为硒代蛋氨酸（SeMet），部分植物能将其转化为二甲基硒醚（DMSe）或二甲基二硒醚（DMDSe）等挥发性硒化物。硒代半胱氨酸若要转化为硒代蛋氨酸则需要通过 3 种酶依次参与发生反应才能生成，首先需在胱硫醚-γ-合成酶（CγS）的作用下与 O-磷酸高丝氨酸（OPH）结合生成硒代胱硫醚，接着在胱硫醚-β-裂解酶（CβL）的作用下转化为硒代高半胱氨酸（SehomoCys），叶绿体是这两步反应所在的场所，细胞质基质是接下来反应的主要场所。硒代高半胱氨酸需要通过跨膜运输进入细胞质基质，才能在蛋氨酸合成酶作用下生成硒代蛋氨酸。同样地，硒代蛋氨酸一方面能够直接（或跨膜进入质体）参与蛋白质合成，另一方面在某些硒超积聚植物中也可以在甲基转移酶及 DMSeP 裂解酶的作用下继续发生转化生成挥发性的二甲基硒醚，从而降低硒与蛋白质的结合。总体来说，不管是硒超积聚植物还是非积聚植物，植物内的硒形态与植物物种类型和外源硒形态都紧密相关。

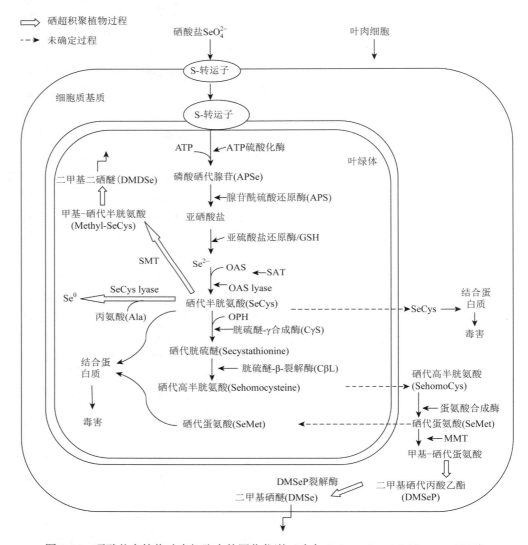

图 3-16 硒酸盐在植物叶肉细胞中的同化代谢（改自 Guignardi and Schiavon，2017）

SMT：硒代半胱氨酸甲基转移酶（selenocysteine methyltransferase）；SeCys lyase：硒代半胱氨酸裂解酶；OAS lyase：乙酰丝氨酸裂解酶；GSH：谷胱甘肽（glutathione）；SAT：乙酰转移酶（serine acetyltransferase）；MMT：甲基转移酶（methylmethionine methyltransferase）；OAS：乙酰丝氨酸（O-acetylserine）；OPH：O-磷酸高丝氨酸（O-phosphohomoserine）

3）浔郁平原富硒区作物硒素富集特征及影响因素

浔郁平原是浔江平原与郁江平原的合称，位于广西中南部，是我国为数不多的优质天然富硒区之一,拥有全国最大连片的平坦优质自然富硒土壤资源,具有得天独厚的土壤资源与农业产业基础,在生产富硒农产品上极具优势。为了进一步探究该富硒地区在生产天然富硒农产品上的潜力,项目组以浔郁平原"土地质量地球化学评价"项目中的农作物地球化学调查数据与多年的定位试验调查研究数据等为基础,总结分析了不同农作物对土壤硒的富集特征,并讨论土壤硒在农作物的迁移特征及其影响因素,为该区科学合理开发天然富硒农产品提供科学依据。

研究区(浔郁平原)位于广西中南部(22°30′N~23°21′N,109°03′E~110°03′E),包括贵港市港南区、覃塘区、平南县及桂平市 4 个县(市、区)。研究区样品来源于广西"土地质量地球化学评价"项目中的农作物调查数据和多年定位试验数据。土壤样品以"梅花"形多点采样法采样,垂直采集地表至 20 cm 深处的土柱,保证上下采集均匀,去除草根、砾石、砖块等杂物,混匀并用四分法取约 2 kg 土样。采集的农作物有水稻、花生、黄豆、玉米、甘蔗、莲藕、蔬菜、荔枝、淮山、木薯和龙眼等 11 种。以国家标准《富硒稻谷》(GB/T 22499—2008)规定的水稻硒含量 0.04~0.30 mg/kg 为富硒标准,调查发现,该平原内的覃塘区、港南区、桂平市和平南县 4 个县(市、区)的水稻天然富硒率极高且差别不大,均在 86%以上,覃塘区、桂平市的水稻富硒率都超过 90%(图 3-17)。在港南区的 75 件水稻样品中,硒含量范围在 0.037~0.340 mg/kg,硒平均含量达到 0.064 mg/kg,可见这些水稻样品中即使硒含量最低的样品,其硒含量也极为接近富硒标准(0.04 mg/kg),浔郁平原生产天然富硒水稻的优势非常明显。除水稻外,花生、黄豆和玉米的富硒率也极高,均达到了 100%,甘蔗、莲藕、蔬菜、荔枝、淮山、木薯和龙眼的富硒率依次降低,其中淮山、木薯和龙眼的富硒率都低于 10%(图 3-18)。在港南区的 110 件甘蔗样品中,硒含量范围为 0.003~0.041 mg/kg,平均硒含量 0.011 mg/kg。可见即使生长在相同的富硒土壤环境中,作物间的天然

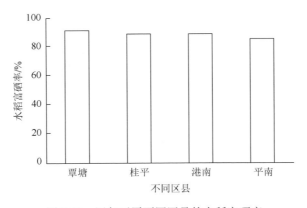

图 3-17 浔郁平原不同区县的水稻富硒率

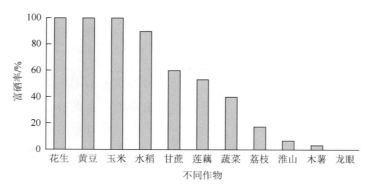

图 3-18　浔郁平原不同作物富硒率

富硒水平仍然存在较大差异，对于浔郁平原来说，粮食作物中以籽粒为食用部分的作物类型（花生、黄豆、玉米和水稻）其天然富硒率最高。可能是因为这些可食用的籽粒同时也是该作物的种子，因此籽粒是这些作物最重要的营养储存器官，在成熟时其他器官中大部分可溶性硒化物被转移到籽粒中。大体来看，粮食作物中籽粒或种子的含硒量大于茎秆。

生物富集系数是反映植物对元素富集程度的高低或富集能力强弱的一项重要指标，不同物种或者同一植株的不同部位积累某一元素的能力不同，其生物富集系数差异也较大，生物富集系数越大，表明该作物对元素吸收的能力越强。计算方法：作物对硒的生物富集系数（BCF）= 作物根或地上部分硒含量（mg/kg）/ 土壤硒含量（mg/kg）。

对平南县采集的 70 个水稻样品进行统计分析发现，水稻根系土硒含量为 0.546 mg/kg，水稻根、茎、籽粒的生物富集系数依次下降，根部生物富集系数高达 0.663，但茎和籽粒的只有 0.130 和 0.108（图 3-19）。可见水稻从根系土到根、茎、籽粒的硒含量是一个递减的过程，而且从根到茎的减少幅度最大，呈现根＞茎＞籽粒的特点，说明水稻从土里吸收的硒元素有很大一部分积累在了根部，限制了绝大部分硒向地上部分的转移。从食用部分看，与平南县的龙眼、荔枝以及港南区的甘蔗的生物富集系数相比，水稻的生物富集系数远高于其他作物（图 3-20）。从这也可以看出水稻对土壤硒的富集能力要高于龙眼、荔枝和甘蔗。

作物吸收累积土壤硒的过程与土壤硒含量及理化性质密切相关。以土壤硒含量和土壤 pH 为主要因子对比研究对不同作物硒累积的影响差异。对平南县主要农作物食用部位及其根系土中 Se 含量的关系进行相关性分析发现，水稻、龙眼和荔枝的根系土硒含量依次为 0.546 mg/kg、0.430 mg/kg 和 0.818 mg/kg，水稻籽粒硒含量与土壤硒的相关系数为 0.660，远高于龙眼和荔枝的相关系数（表 3-11），可见根系土中的硒含量对水稻籽粒硒含量具有重要的决定性作用，想要提高水稻籽粒硒含量，增加土壤硒含量是一个行之有效的方法，但对龙眼和荔枝则效果较差。

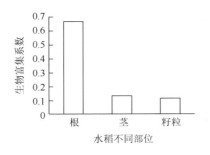

图 3-19 水稻不同部位的硒生物富集系数

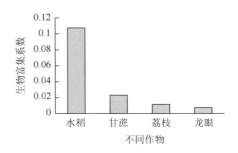

图 3-20 不同作物的硒生物富集系数

表 3-11 作物硒含量与土壤硒含量的相关系数

不同作物	根系土硒含量/(mg/kg)	相关系数
水稻	0.546	0.660
龙眼	0.430	0.070
荔枝	0.818	0.111

土壤理化性质通过影响土壤硒形态而间接影响植物对土壤硒的吸收转化。其中土壤酸碱性在很大程度上决定了硒在土壤的存在形态，进而影响了硒在土壤中的有效性。对港南区采集的 110 件甘蔗茎样品、75 件水稻籽粒样品及其土壤酸碱性进行统计分析发现，甘蔗茎硒含量在碱性土壤中较高，其硒含量均值最大，达到 0.0121 mg/kg（表 3-12）。这可能是因为碱性土壤中的硒主要以硒酸盐态存在，因此更有利于甘蔗的吸收转运。与甘蔗相比，水稻籽粒（75 件）的硒含量则在酸性土壤中较高，酸性土壤中水稻籽粒硒含量均值达到 0.0653 mg/kg，碱性土壤则为 0.0613 mg/kg。由此可见，土壤酸碱性对不同作物硒吸收的影响存在较大差异，对甘蔗和水稻的影响作用相反。这可能与两者生长环境的水分条件存在较大差异有关，甘蔗是在旱地生长，水稻生长环境为滞水水田，水淹或滞水土壤其还原性也较强，在土壤水淹条件下，水稻土中存在 Se^{6+}/Se^{4+} 的还原体系，因此水稻土和旱地土壤的硒形态会存在较大的差别，水稻土以亚硒酸盐态硒为主。通常情况下旱地植物对硒酸盐的吸收能力要高于亚硒酸盐，而水生植物对亚硒酸盐的吸收速率则更快。进一步对港南区采集的 225 件农作物硒含量与土壤 pH 的关系进行分析发现，农作物硒含量与土壤 pH 的相关系数为 0.342。综上，土壤 pH 在作物对土壤硒的吸收上扮演着重要角色，但影响作用因物种而异，尤其对生长环境差异较大的不同物种来说，土壤酸碱性的影响作用有可能是相反的。

表 3-12　不同酸碱性土壤的作物硒含量　　　　　　　（单位：mg/kg）

组别	甘蔗茎	水稻籽粒
总平均值	0.0106	0.0638
酸性土壤	0.0089	0.0653
碱性土壤	0.0121	0.0613

3.6.2　硒富集优势作物品种筛选

土壤中硒的丰缺对植物的硒素营养有重要影响，而现阶段普遍认为硒不是植物的必需元素。植物对硒的吸收、转运、代谢和积累存在基因差异，直接影响硒在植物体内的表达，进而影响植物硒含量。挖掘和利用植物调控硒的基因优势，筛选出聚硒能力强的优势作物品种，可促进土壤硒资源的高效利用，极大地推动富硒农产品开发。为此，项目组通过天然富硒条件选育和生物强化途径，重点对粮油和薯类作物开展了优势品种筛选，为广西富硒农产品开发提供了参考依据。

（1）水稻：根据广西主要富硒地区土壤、气候等自然条件，以及不同水稻品种对产地生态环境的适应性和其聚硒能力，通过多次多点栽培试验，研究不同土壤硒含量对不同水稻品种的硒富集能力的影响，筛选出适宜广西种植的不同类型的聚硒优势水稻品种 17 个（表 3-13），其中，优质常规稻 7 个，特色稻 5 个，杂交稻 5 个。

表 3-13　研发或育成（筛选）的水稻品种、技术情况统计表

序号	品种名称	硒含量/(mg/kg)	备注	序号	品种名称	硒含量/(mg/kg)	备注
1	'桂育9号'	0.16	优质常规稻	10	'百香139'	0.20	特色稻
2	'桂丰香占'	0.16		11	'昌两优8号'	0.18	
3	'南秀软占'	0.16		12	'坤两优8号'	0.20	
4	'粤华丝苗'	0.20		13	'丰田优553'	0.17	杂交稻
5	'粤晶丝苗'	0.17		14	'兆丰优9958'	0.18	
6	'桂禾丰'	0.16		15	'野香优863'	0.16	
7	'桂野丰'	0.20		16	'广8优169'	0.16	
8	'桂育黑糯'	0.20	特色稻	17	'广8优2168'	0.19	
9	'桂硒红占'	0.17					

注：广西地方标准《富硒农产品硒含量要求》：大米硒含量 0.15～0.5 mg/kg。

(2) 玉米：选择'桂黑糯 609''桂糯 611''桂糯 610''桂糯 218''桂糯 525''桂糯 219''桂糯 518''桂糯 528''桂糯 615''桂糯 233''桂糯 232''桂糯 231'共 12 个玉米品种（表 3-14），在广西南宁市武鸣区里建试验基地、横县试验基地进行品种筛选试验（土壤硒含量为 0.36 mg/kg），小区面积 72 m², 行距 70 cm，株距 30 cm，基肥为土壤调理剂与化肥结合施用，每亩施土壤调理剂 15 kg，采用 N : P_2O_5 : K_2O 比例为 15 : 15 : 15 的复合肥为化肥肥源，玉米氮磷钾施肥设计为 N、P_2O_5 和 K_2O 分别为 12 kg/亩[①]、6 kg/亩和 12 kg/亩，底肥深度为 10～15 cm。

表 3-14 不同糯玉米农艺性状、营养及品质指标

品种	株高/cm	产量/(kg/亩)	籽粒硒含量/(mg/kg)	蛋白质/(g/100 g)	总糖/%	淀粉/(g/100 g)	水分/(g/100 g)	感官鉴定/分
'桂黑糯 609'	227	1232	0.72	4	3.2	28.4	61	78.50
'桂糯 611'	195.8	1103.2	0.17	3.9	3	26.7	63.7	76.83
'桂糯 610'	216	1114.4	0.42	3.6	2.3	27.9	57.6	82.67
'桂糯 218'	203.6	1120	0.35	4.2	4.6	27.2	63.3	79.67
'桂糯 525'	197.8	1181.6	0.4	4.4	4.4	26.8	62.3	81.17
'桂糯 219'	186.2	1097.6	0.55	3.5	2	29	58.2	77.17
'桂糯 518'	195.4	968.8	0.22	3.9	2.4	29.3	59	78.00
'桂糯 528'	199	1159.2	0.28	3.9	3.4	25.9	64.4	78.50
'桂糯 615'	215.8	1164.8	0.63	3.2	3.5	27	63.7	81.83
'桂糯 233'	216.8	1176	0.2	4.8	2.4	30.3	60	83.50
'桂糯 232'	216	1159.2	0.72	4.4	3.5	27.6	62.3	76.00
'桂糯 231'	213.4	1187.2	1.41	4.3	3.2	27.9	60.9	78.33

注：感官鉴定满分为 100 分。

从表 3-14 的结果可见，本试验 12 个玉米品种的籽粒硒含量均达到富硒标准以上，其中'桂糯 231'籽粒含硒量最高，达 1.41 mg/kg，其次是'桂黑糯 609'和'桂糯 232'；产量前三甲分别为'桂黑糯 609'（1232 kg/亩）、'桂糯 231'（1187.2 kg/亩）、'桂糯 525'（1181.6 kg/亩）；通过对外观品质、气味、色泽、风味、糯性、柔嫩性、皮的厚薄等进行的感官鉴定评分，'桂糯 233'、'桂糯 610'、'桂糯 615'和'桂糯 525'表现均很突出，其中'桂糯 233'蛋白质含量和淀粉含量最高，分别为 4.8 g/100 g 和 30.3 g/100 g，'桂糯 525'的总糖达到 4.4%、蛋白质含量也达到 4.4 g/100 g；综合各项调查鉴定结果，筛选出在籽粒硒含量、产量、感官品质等方面表现突出的品种：'桂糯 525'、'桂糯 615'和'桂糯 610'。

---

① 1 亩≈666.67 m²。

（3）花生：项目组针对广西本地主要花生品种，通过不同外源硒调控方法，对其硒富集能力进行了对比与筛选。广西主栽品种共 12 个，分别为'桂花 819'、'桂花 17'、'桂花 30'、'桂花 833'、'桂花 69'、'桂花 1026'、'桂花 836'、'桂花 32'、'桂花 771'、'桂花 25'、'桂花红 166' 和 '桂花红 95'。自行调配试验用含硒肥料，其中有机肥的硒含量为 0.2 g/kg，淋施用的有机液体肥料硒含量为 8.8 g/L，叶面肥的硒含量为 8.8 g/L。不同花生品种分别于春、秋两季在两相邻地块连续种植两季，在春花生品种筛选基础上，于秋季选用自然富硒能力强的花生品种进行花生富硒栽培试验，试验设计 3 种硒肥施用方式，每种施用方式各设 2 个施肥水平，并以不施硒肥处理为对照（CK），具体处理见表 3-15。采用随机区组设计，每个处理 3 次重复，小区设计、播种及常规管理与春花生种植相同，在含硒有机肥基施处理中，有机肥施用总量为 7500 kg/hm^2。

表 3-15　花生富硒栽培试验处理表

处理	肥料类型	肥料中硒含量	施肥量	施用方法
CK	—			
基肥 1	含硒有机肥	0.2 g/kg	1500 kg/hm^2	在播种时作基肥全部施用
基肥 2	含硒有机肥	0.2 g/kg	3000 kg/hm^2	在播种时作基肥全部施用
液肥 1	含硒液体肥	8.8 g/L	16.5 L/hm^2	在盛花期兑水稀释 150 倍后淋施于花生种植行
液肥 2	含硒液体肥	8.8 g/L	33 L/hm^2	在盛花期兑水稀释 75 倍后淋施于花生种植行
叶面肥 1	含硒叶面肥	8.8 g/L	1125 mL/hm^2	在盛花期兑水稀释 300 倍后喷施于花生叶面
叶面肥 2	含硒叶面肥	8.8 g/L	2250 mL/hm^2	在盛花期兑水稀释 150 倍后喷施于花生叶面

花生成熟后，测定花生籽粒硒含量。不同花生品种的外源硒利用指数为：外源硒利用指数＝施硒处理花生籽粒硒含量/不施硒处理花生籽粒硒含量。花生籽粒的硒累积量为：硒累积量（mg/hm^2）＝花生籽粒硒含量（mg/kg）×花生籽粒产量（kg/hm^2）。花生籽粒对外源硒利用率为：外源硒利用率（%）＝（施硒处理花生籽粒硒累积量−对照处理花生籽粒硒累积量）/施硒总量×100%。结果显示（表 3-16），不同花生品种籽粒自然富硒能力有明显差异，本研究中'桂花 819'表现出较强的自然富硒能力，春种花生籽粒硒含量大小顺序为'桂花 819'＞'桂花红 95'＞'桂花 17'＞'桂花 833'＞'桂花 30'＞'桂花 69'、'桂花红 166'＞'桂花 1026'＞'桂花 836'＞'桂花 32'＞'桂花 771'＞'桂花 25'，平均硒含量为 0.079 mg/kg，其中最大含硒量是最小含硒量的 4.4 倍。而自然富硒能力强的花生品种，其对外源硒的利用指数不一定高。相同土壤和管理措施条件下，多数花生品种表现为春花生的硒含量高于秋花生。不同的硒肥施用方式，花生籽粒对外源硒的利用率有显著差异（表 3-17、图 3-21），其中以含硒叶面肥叶面喷施方式的外源硒利用率最高，以含硒有机肥基施方式的最低。

表 3-16 不同花生品种的富硒能力

花生品种	硒含量/(mg/kg)			外源硒利用指数
	2016 年春花生未施外源硒	2016 年秋花生未施外源硒	2016 年秋花生淋施外源硒肥	
'桂花 819'	0.180±0.050 a	0.066±0.014 a	0.151±0.056 abc	2.30
'桂花红 95'	0.118±0.046 b	0.045±0.008 bc	0.164±0.072 a	3.70
'桂花 17'	0.097±0.033 bc	0.050±0.011 abc	0.156±0.020 ab	3.09
'桂花 833'	0.086±0.031 bcd	0.063±0.015 ab	0.162±0.068 a	2.58
'桂花 30'	0.079±0.023 bcd	0.065±0.015 ab	0.154±0.052 abc	2.37
'桂花 69'	0.062±0.016 cd	0.044±0.009 c	0.098±0.024 c	2.43
'桂花红 166'	0.062±0.017cd	0.051±0.015 abc	0.136±0.037 abc	2.65
'桂花 1026'	0.061±0.017cd	0.048±0.001 abc	0.174±0.060 a	3.63
'桂花 836'	0.058±0.014 cd	0.039±0.011 c	0.102±0.030 bc	2.60
'桂花 32'	0.055±0.007 cd	0.051±0.023 abc	0.176±0.074 a	3.42
'桂花 771'	0.050±0.014 d	0.050±0.005 abc	0.137±0.050 abc	2.75
'桂花 25'	0.041±0.018 d	0.064±0.009 ab	0.159±0.014 a	2.48
平均值	0.079	0.053	0.147	2.832
标准差	0.039	0.009	0.025	0.500
变异系数	48.71	18.02	17.24	17.64

注：同列不同小写字母表示品种间差异显著（$p<0.05$），下同。

表 3-17 不同富硒栽培措施下花生产量及对外源硒的利用率

处理	产量/(kg/hm²)	籽粒硒累积量/(mg/hm²)	对外源硒利用率/%
CK	166.8±17.0 a	7.1±2.6 d	—
基肥 1	175.1±25.6 a	17.8±3.4 cd	0.056±0.018 d
基肥 2	173.6±13.6 a	31.6±7.2 c	0.064±0.019 d
液肥 1	172.4±28.3 a	31.3±6.9 c	0.250±0.072 c
液肥 2	172.3±15.5 a	52.7±18.3 b	0.236±0.094 c
叶面肥 1	169.4±22.2 a	31.8±4.5 c	3.742±0.677 b
叶面肥 2	169.7±10.9 a	72.9±1.5 a	4.988±0.112 a

（4）薯类作物：项目组在不同背景值的富硒土壤上，综合考虑作物对生态环境的适应性，在不同作物品种相应主产区内，通过对比试验，筛选出 15 个天然富硒甘薯品种和 2 个天然富硒食用木薯品种（表 3-18 和表 3-19）。天然富硒甘薯品

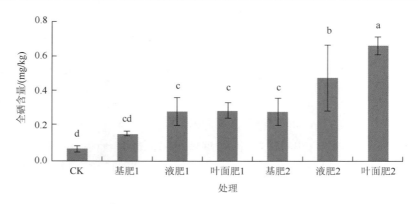

图 3-21 不同富硒栽培措施花生籽粒全硒含量

图中不同小写字母表示处理间差异显著（$p<0.05$）

种分别为：'桂薯6号'、'桂粉3号'、'紫罗兰'、'桂经薯8号'、'桂经薯9号'、'S94'、'70-26'、'徐紫薯3号'、'桂紫薇薯1号'、'红姑娘'、'徐紫薯2号'、'徐紫薯1号'、'绵紫薯9号'、'品系118'和'品系7012'，其中'桂经薯8号'和'桂经薯9号'表现出较强的聚硒能力，在不同硒背景值条件下均可达到富硒标准。同时，项目组还圈定了南宁、合浦、桂林等富硒土壤区域为天然富硒甘薯优势区域。食用木薯天然聚硒能力与土壤硒背景值密切相关，不同土壤条件下，对比8个主栽品种发现，NZ199和NK-10两个品种的块根聚硒能力较强，块根硒含量均达到富硒薯类标准。

表 3-18 天然富硒甘薯品种及薯块硒含量

序号	品种名称	薯块硒含量/(mg/kg)	土壤总硒 T_{Se}/(mg/kg)	序号	品种名称	薯块硒含量/(mg/kg)	土壤总硒 T_{Se}/(mg/kg)
1	'桂薯6号'	0.0307		8	'徐紫薯3号'	0.0311	
2	'桂粉3号'	0.0251	0.43	9	'桂紫薇薯1号'	0.0310	
3	'紫罗兰'	0.0205		10	'徐紫薯1号'	0.0273	
4	'S94'	0.0250		11	'徐紫薯2号'	0.0229	0.54
5	'70-26'	0.0320	0.74	12	'品系118'	0.0224	
6	'桂经薯8号'	0.0439	0.74	13	'绵紫薯9号'	0.0218	
		0.03	0.54	14	'红姑娘'	0.0213	
7	'桂经薯9号'	0.0547	0.74	15	'品系7012'	0.0202	
		0.0204	0.54				

表 3-19 不同种植区不同食用木薯品种块根硒含量

序号	品种	块根硒含量/(mg/kg)		序号	品种	块根硒含量/(mg/kg)	
		里建	上林			里建	上林
1	'SC9'	0.017d	0.050d	5	'NK-10'	0.100b	0.100b
2	'ST-1'	0.019cd	0.081d	6	'SC6068'	0.051c	0.051c
3	'SC12'	0.018cd	0.049d	7	'GR891'	0.048d	0.048d
4	'NZ199'	0.024a	0.110a	8	'面包木薯1号'	0.050d	0.050d

注：里建土壤总硒含量为 0.45 mg/kg，土壤有效硒含量为 0.071 mg/kg；上林土壤总硒含量为 1.45 mg/kg，土壤有效硒含量为 0.12 mg/kg。

与甘薯和木薯不同的是粉葛为药食两用植物，具有很高的药用价值，是新兴的绿色保健食品和出口紧俏产品，有"亚洲人参"的美称。富硒粉葛更是为其药食价值锦上添花。为筛选出聚硒能力强的粉葛品种，项目组在土壤总硒含量为 0.76 mg/kg 的背景下，对比筛选出'桂粉葛1号'（GFG-1）、'广西桂林主栽种'（GL）、'广西藤县大叶'（TXD）、'广东合水主栽种'（HS）、'四川泸州主栽种'（LZ）、'广西藤县和平主栽种'（HP）、'广东合水'（HS）7个可以实现天然富硒的粉葛品种（系）（表 3-20）。除了块根硒含量存在差异，7个品种的产量及商品率也存在差异，产量范围在 1240～1900 kg/亩，商品薯产量范围在 1140～1810 kg/亩。其中，'桂粉葛1号'（GFG-1）在产量、商品薯产量和商品率均是各主栽种最高。虽然'桂粉葛1号'（GFG-1）的粉葛块根硒含量在 7 个主栽种中并不是最高的，但由于其产量较高，因此其块根硒积累量和商品薯硒积累量为所有参试主栽品种里最高的。

表 3-20 天然富硒粉葛品种及产量

序号	品种	块根硒含量/(mg/kg fw)	产量/(kg/亩)	商品率/%
1	'桂粉葛1号'（GFG-1）	0.055	1894.29	95.1
2	'广西藤县大叶'（TXD）	0.048	1376.19	86.8
3	'广东合水主栽种'（HS）	0.056	1440.95	89.7
4	'广西藤县和平主栽种'（HP）	0.061	1371.11	83.9
5	'四川泸州主栽种'（LZ）	0.052	1613.33	78.8
6	'广西桂林主栽种'（GL）	0.054	1466.67	94.7
7	'广东合水'（HS）	0.051	1240.0	93.3

以上硒富集优势特色作物品种筛选成果主要来自广西创新驱动发展科技重大专项"富硒粮油和食用菌农产品标准化安全生产技术研究与示范"（桂科 AA17202044）与"薯类富硒农产品标准化生产技术研究与应用"（桂科 AA17202027）等项目组。

3.6.3 提高土壤硒生物有效性的理化因子调控途径

1）有机和无机因子对土壤硒形态的影响

项目组共设置五种外源物质即五个处理的硒素活化预试验，用于初步筛选能够提高土壤有效硒含量的外源物质，试验处理分别为：Si-硅酸钠、S-硫酸钠、P-磷酸二氢钠、A-氨基酸、H-黄腐酸，同时设置不添加任何外源物质的空白对照，三次重复，土壤为富硒赤红壤。试验结果表明：不同外源物质结果完全不同，与对照相比，除 A 外，其他处理均能提高水溶态硒含量，S、A 能够显著提高交换态硒含量。而对于有效硒而言，除 Si 外，其他处理有效硒含量均高于对照，说明这几类外源物质对硒有效性均有一定的促进作用（表 3-21）。

表 3-21 不同外源物质对土壤硒形态的影响 （单位：%）

处理	水溶态硒	交换态硒	铁锰氧化物结合态	有机结合态	残渣态硒	有效硒	比 CK 增
CK	1.78 d	0.89 cd	3.23	11.71	82.39	2.67 cC	
Si	2.06 c	1.02 c	3.10	5.54	88.28	3.07 cC	15.15
P	4.98 b	0.51 d	4.11	9.07	81.32	5.49 bB	105.76
S	8.07 a	12.75 a	6.07	5.50	67.61	20.82	679.79
H	1.62 d	4.28 b	5.77	11.15	77.19	5.90 bB	120.92
A	4.64 b	0.71 d	5.01	7.46	82.19	5.35 bB	100.18

2）添加不同无机物料对土壤硒有效性的影响

以广西典型富硒赤红壤和富硒红壤为研究对象，选用无机试剂磷酸二氢钠、硫酸钠、硅酸钠和碳酸钙四种无机试剂作为磷、硫、硅和钙四种无机因子的材料，研究不同外源无机物料对土壤硒有效性的影响。不同处理下，土壤有效硒的变化如图 3-22～图 3-29 所示。研究结果表明，在富硒赤红壤上，不同因子活化能力顺序依次为 S＞P＝Si＞Ca。而在富硒红壤中，不同无机因子间差异不显著。

3）添加不同有机物料对土壤硒有效性的影响

这里同样以富硒赤红壤和富硒红壤为研究对象，选用有机物料黄腐酸（H）、氨基酸（A）、贝壳粉（B）和煅烧贝壳粉（C）四种有机物料作为四种有机因子的材料，研究不同外源有机物料对土壤硒有效性的影响。土壤有效硒的变化情况如图 3-30～图 3-37 所示。在富硒赤红壤上，不同有机因子活化能力顺序依次为氨基酸＞煅烧贝壳粉＞黄腐酸，而在富硒红壤中，不同有机因子活化能力顺序为煅烧贝壳粉＞黄腐酸＞贝壳粉＞氨基酸。

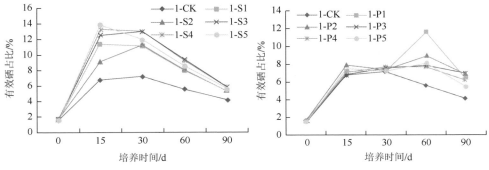

图 3-22 不同硫含量对富硒赤红壤有效硒的影响

图 3-23 不同磷含量对富硒赤红壤有效硒的影响

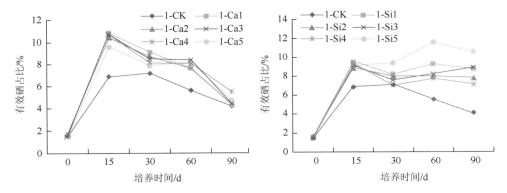

图 3-24 不同钙含量对富硒赤红壤有效硒的影响

图 3-25 不同硅含量对富硒赤红壤有效硒的影响

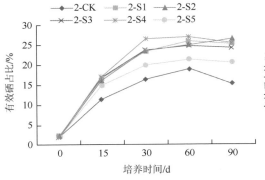
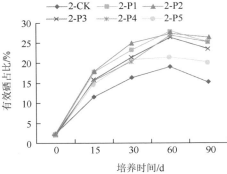

图 3-26 不同硫含量对富硒红壤有效硒的影响

图 3-27 不同磷含量对富硒红壤有效硒的影响

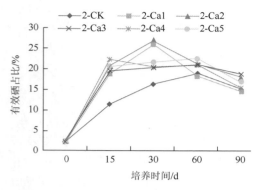

图 3-28 不同钙含量对富硒红壤有效硒的影响

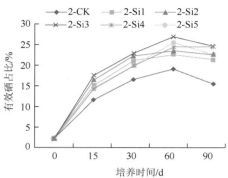

图 3-29 不同硅含量对富硒红壤有效硒的影响

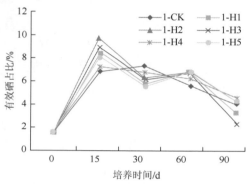

图 3-30 不同黄腐酸含量对富硒赤红壤有效硒的影响

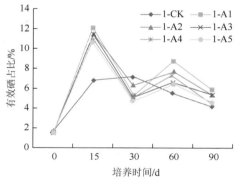

图 3-31 不同氨基酸含量对富硒赤红壤有效硒的影响

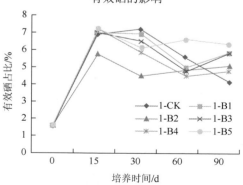

图 3-32 不同贝壳粉含量对富硒赤红壤有效硒的影响

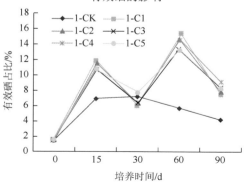

图 3-33 不同煅烧贝壳粉含量对富硒赤红壤有效硒的影响

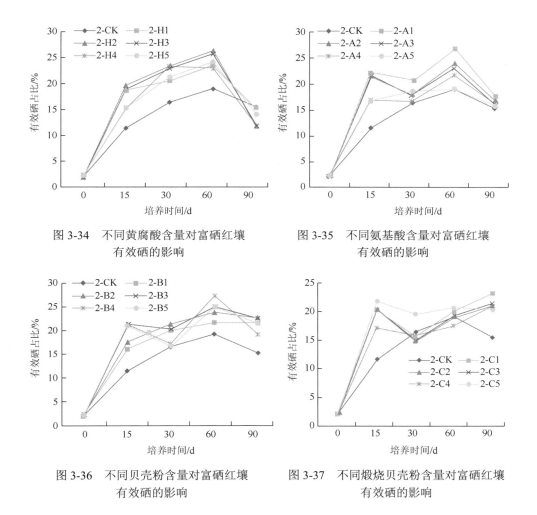

图 3-34 不同黄腐酸含量对富硒红壤有效硒的影响

图 3-35 不同氨基酸含量对富硒红壤有效硒的影响

图 3-36 不同贝壳粉含量对富硒红壤有效硒的影响

图 3-37 不同煅烧贝壳粉含量对富硒红壤有效硒的影响

4）有机废弃物对土壤硒活性及植物吸收累积硒的影响

利用不同有机废弃物进行土壤硒素活化试验，供试土壤为典型的富硒赤红壤，供试作物为小白菜。试验旨在研究不同废弃物（酒精废液、猪粪、糖厂滤泥）对土壤硒的活化效果及对植物硒素吸收的影响。试验结果表明：有机废弃物处理水溶态硒与对照相比均显著增加；交换态除低浓度酒精废液外也有不同程度的增加，有效态硒均显著高于对照，增幅在 102.99%～184.41%（表 3-22）。结合植物硒素吸收积累结果（表 3-23），不同有机物料处理均显著提高了小白菜地上部和地下部硒的吸收量，其中地上部以 100 kg/亩酒精废液硒含量最高，相较于对照增加 425.45%。地下部以 500 kg/亩猪粪硒含量最高，相较于对照增加 1062.16%。三种有机物料相比酒精废液和猪粪的效果要优于糖厂滤泥，且以植物地上部吸收量作为衡量有机物料硒活化效果的指标,最终 100 kg/亩酒精废液和 750 kg/亩猪粪效果最佳。

表 3-22　不同有机废弃物处理对土壤硒形态的影响　　　　（单位：%）

处理	水溶态	交换态	铁锰氧化物结合态	有机物结合态	残渣态	有效态	比 CK 增
A1	3.43 a	1.79 c	2.72	2.26	89.80	5.22 a	139.96
A2	3.15 a	2.44 b	3.04	2.40	88.97	5.59 a	156.86
A3	2.83 b	2.97 b	2.86	2.40	88.93	5.80 a	166.58
B1	2.89 ab	3.22 a	2.81	2.45	88.63	6.11 a	180.74
B2	1.83 d	2.59 b	2.78	1.97	90.83	4.42 a	102.99
B3	2.59 c	3.06 ab	2.46	2.32	89.58	5.65 a	159.50
C1	2.20 c	2.83 b	2.86	2.50	89.62	5.03 a	131.12
C2	2.83 b	3.36 a	2.34	2.12	89.36	6.19 a	184.41
C3	2.53 c	2.86 b	2.43	2.09	90.09	5.39 a	147.73

表 3-23　不同有机物料处理对小白菜硒吸收积累的影响

处理	地上部硒/(mg/kg)	比 CK 增/%	地下部硒/(mg/kg)	比 CK 增/%
CK	0.028 c		0.015 e	
A1	0.102 ab	270.91	0.168 a	1035.14
A2	0.085 b	209.09	0.124 b	737.84
A3	0.145 a	425.45	0.136 b	818.92
B1	0.094 b	240.00	0.172 a	1062.16
B2	0.128 a	363.64	0.132 b	791.89
B3	0.102 ab	270.91	0.140 ab	845.95
C1	0.077 b	178.18	0.080 c	440.54
C2	0.085 b	209.09	0.056 d	278.38
C3	0.077 b	178.18	0.084 c	467.57

3.6.4　提高土壤硒生物有效性的生物调控途径

利用不同菌株进行土壤硒素活化试验,供试土壤为典型的富硒赤红壤,供试作物为小白菜。选用四种菌株（YLB1-6、TXB1-10、TXB2-5、GPB1-5）研究它们对土壤硒的活化效果及对植物硒素吸收的影响。试验结果表明：不同菌剂处理显著提高了土壤水溶态硒含量（图3-38），其中 YLB1-6 效果最佳，各处理较对照水溶态硒提高了 1.44~3.52 倍；YLB1-6 和 TXB1-10 对有效硒均有较好的效果，各处理较对照有效硒提高了 1.20~1.62 倍。从植物硒素累积结果来看（图3-39、图3-40）TXB2-5 和 GPB1-5 能够显著提高植物地上部硒的吸收和积累，YLB1-6 和 TXB1-10 显著提高了植株地下部硒的吸收和积累。从试验结果分析：YLB1-6 和 TXB1-10 菌株提高了土壤中有效硒的含量，但并未显著促进植物地上部硒的吸收和累积，这可能是因为不同菌株虽均能活化土壤中的硒，但活化后的价态是否能够被植株快速吸收还有待于进一步研究。

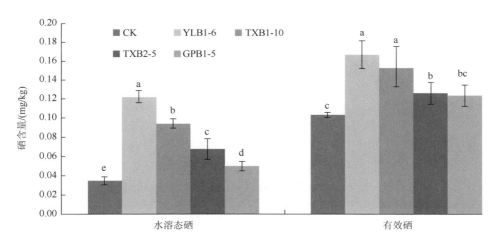

图3-38 不同菌株处理对土壤水溶态硒和有效硒的影响

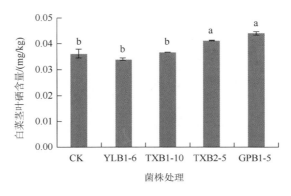

图3-39 不同菌株处理对小白菜地上部硒累积的影响

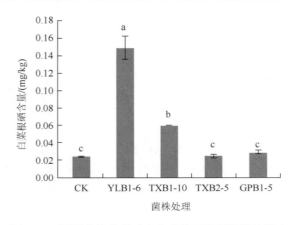

图 3-40 不同菌株处理对小白菜地下部硒累积的影响

3.6.5 多因子联合土壤硒素调控技术

1）有机无机活化因子配合模式对土壤硒及植物硒素吸收累积的影响

利用前期获得的最佳有机无机单因子，组合形成有机无机组合，研究其联合模式对土壤硒有效性及植物吸收积累的影响。试验设计：有机（H-黄腐酸，A-氨基酸）和无机（N1-P、N2-S、N3-Ca），设置三次重复。供试作物为小白菜，供试土壤为砂页岩母质发育的赤红壤。研究结果表明，不同有机无机组合处理对土壤硒有效性影响差异显著（图3-41）。其中黄腐酸与磷、黄腐酸与硫组合对土壤有效硒无显著影响。氨基酸与无机物料组合效果显著优于其他处理。其中氨基酸与钙组合有效硒含量最高，与其他处理差异显著。黄腐酸与不同物料组合对土壤有效硒影响无显著差异，可能是由在花岗岩母质上赤红壤的黄腐酸与土壤有效硒的相关性较差造成的。氨基酸本身在该类土壤上就与土壤硒有效性有较好的相关性，无机因子钙、磷、硫也与土壤有效硒有较好的相关性，因此氨基酸与这三类无机物料组合有利于提高土壤硒有效性，是三种较理想的有机无机组合活化模式。图 3-42 植株地上部硒含量与土壤有效硒呈正相关，更进一步说明转化后的有效硒能够充分被植株地上部吸收利用。

2）有机无机活化因子组合对茶叶硒素吸收的影响

以春茶为研究对象，施用不同有机无机活化组合因子，以提高土壤硒有效性为目的，研究不同施肥模式对土壤硒形态及植株硒含量品质等的影响。试验地点：桂平市蒙圩镇碧水茶园试验基地。试验共设置 10 个处理，CK-A、1-P-A、2-Si-A、3-Ca-A、4-S-A、CK-H、5-P-H、6-Si-H、7-Ca-H、8-S-H（P-磷酸二氢钠、S-硫酸钠、Si-硅酸钠、Ca-碳酸钙、A-氨基酸、H-黄腐酸），并设置空白对照。施肥后约 20 d 采集第一批春茶，隔 6 d 后采集第二批春茶。采集第一批春茶

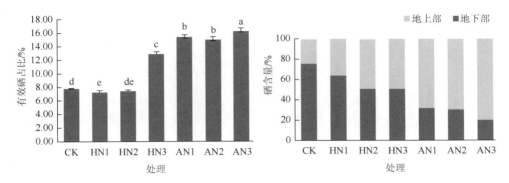

图 3-41　不同处理对土壤有效硒的影响　　图 3-42　不同处理对小白菜硒吸收积累的影响

及土壤样品,分析土壤有效硒含量(图 3-43)及茶叶硒含量(图 3-44)结果,相较于对照组不同有机无机活化因子组合均显著提高了土壤有效硒的含量,且以氨基酸+硅处理和氨基酸+硫处理有效硒含量最高,整体氨基酸与无机因子组合优于黄腐酸。茶叶硒含量除黄腐酸+钙处理外,其他处理均显著高于对照,且不同处理间差异不显著,以氨基酸+磷处理茶叶硒含量最高。第二批春茶采集时间在第一批采集后 6 d,同样分析土壤有效硒含量和茶叶硒含量,试验结果表明:土壤有效硒含量(图 3-45)变化规律与第一批完全不同,说明土壤中的硒形态是动态变化的,第二批采集的土壤有效硒不同处理仍显著高于对照,但除黄腐酸+硫处理外,其余黄腐酸与无机因子组合有效硒含量显著高于氨基酸。茶叶硒含量也均显著高于对照,且茶叶硒含量与第一批茶叶硒含量结果较为一致(图 3-46)。说明土壤中的硒转化为有效硒是一个不稳定的过程,但在植物吸收方面,因活化后的硒可能价态不同,在吸收上并未表现出与土壤有效硒较为一致的结果。

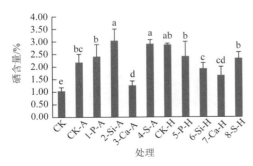 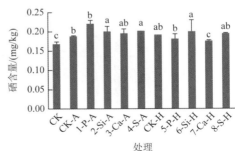

图 3-43　不同处理对春茶第一批采样土壤　　图 3-44　不同处理对春茶第一批采样茶叶硒
　　　　　有效硒的影响　　　　　　　　　　　　　　　　含量的影响

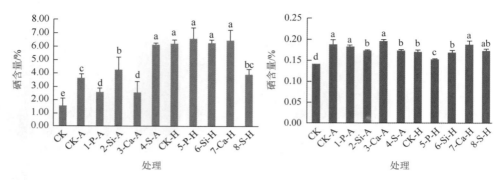

图 3-45 不同处理对春茶第二批采样土壤有效硒的影响

图 3-46 不同处理对春茶第二批采样茶叶硒含量的影响

3）有机无机活化因子组合对玉米硒素吸收的影响

以玉米为研究对象，施用不同有机无机活化因子组合以提高土壤硒有效性和可食部位硒含量为目的，研究不同处理条件下的活化效果。试验地点为横县玉米试验站，供试品种：'桂糯525'。试验共设置8个处理，分别为：CK-A1、1-P1-A1、2-P2-A1、3-P1-A2、CK-H1、4-P1-H1、5-P1-H2、6-P2-H1（P-磷酸二氢钾、A-氨基酸、H-黄腐酸），氨基酸和黄腐酸设置两个浓度梯度，1~50 kg/亩、2~100 kg/亩，并设置空白对照，每个处理设置三次重复。试验结果表明，有机无机活化因子组合对玉米粒硒含量没有显著的作用（图3-47），土壤有效硒含量却表现出明显的差异（图3-48），除CK-A1和6-P2-H1处理外，其余处理均显著高于对照。说明有机无机活化因子对活化土壤硒有一定的促进作用，但活化后的有效硒并未转移到籽粒中，通过对玉米不同部位硒含量测定结果来看（图3-49），玉

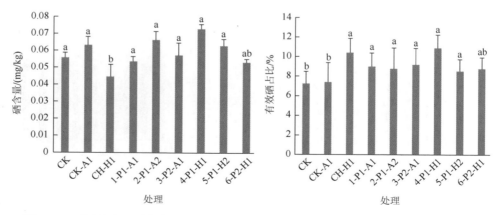

图 3-47 不同处理对玉米粒硒含量的影响

图 3-48 不同处理对土壤有效硒含量的影响

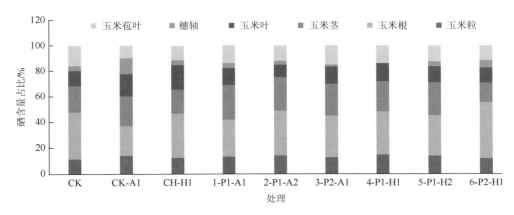

图 3-49 不同处理对玉米不同部位硒含量的影响

米中的硒主要积累在玉米根和茎中，玉米粒硒仅占总量的 13%左右。因此，在仅有部分硒被活化的情况下，硒大部分应该被玉米的根和茎吸收，并未完全转化进入籽粒。

参 考 文 献

班玲，丁永福. 1992. 广西土壤中硒的分布特征[J]. 中国环境监测，8（3）：4.

陈大清. 2004. 植物硒同化的研究进展及其耐硒突变体的筛选[J]. 氨基酸和生物资源，26（2）：65-71.

李杰，郑国东，杨志强，等. 2013. 广西北部湾沿海经济区水稻及根系土硒含量特征[J]. 地球与环境，41（3）：226-232.

彭琴，李哲，梁东丽，等. 2017. 不同作物对外源硒动态吸收、转运的差异及其机制[J]. 环境科学，38（4）：1667-1674.

彭祚全，樊俊，向德恩，等. 2012. 3 株超耐硒细菌的分离、筛选与鉴定[J]. 微量元素与健康研究，29（3）：4-6.

谭见安. 1996. 生命元素硒的地域分异与健康[J]. 中国地方病学杂志，2：5.

唐玉霞，王慧敏，刘巧玲，等. 2008. 土壤和植物硒素研究综述[J]. 河北农业科学，（5）：43-45.

王松山. 2012. 土壤中硒形态和价态及生物有效性研究[D]. 咸阳：西北农林科技大学.

Baker A J M，Mcgrath S P，Reeves R D，et al. 2020. Metal hyperaccumulator plants: A review of the ecology and physiology of a biological resource for phytoremediation of metal-polluted soils[M]//Terry N，Banuelos G S. Phytoremediation of Contaminated Soil and Water. Boca Raton: CRC Press: 85-107.

Fordyce F M. 2013. Selenium deficiency and toxicity in the environment[M]//Selinus O. Essentials of Medical Geology. Dordrecht: Springer: 375-416.

Ghosh A，Mohod A M，Paknikar K M，et al. 2008. Isolation and characterization of selenite- and selenate-tolerant microorganisms from selenium-contaminated sites[J]. World Journal of Microbiology and Biotechnology，24（8）：1607-1611.

Guignardi Z，Schiavon M. 2017. Biochemistry of Plant Selenium Uptake and Metabolism[M]//Pilon-Smits E A H，Winkel L H E，Lin Z Q. Selenium in Plants: Molecular，Physiological，Ecological and Evolutionary Aspects，New York: Springer International Publishing: 21-34.

Huang Q Q, Wang Q, Wan Y N, et al. 2016. Application of X-ray absorption near edge spectroscopy to the study of the effect of sulphur on selenium uptake and assimilation in wheat seedlings [J]. Biologia Plantarum, 61 (4): 1-7.

Keskinen R, Ekholm P, Yli-Halla M, et al. 2009. Efficiency of different methods in extracting selenium from agricultural soils of Finland[J]. Geoderma, 153 (1): 87-93.

Lenz M, Janzen N, Lens P N L. 2008. Selenium oxyanion inhibition of hydrogenotrophic and acetoclastic methanogenesis [J]. Chemosphere, 73 (3): 383-388.

Park J H, Lamb D, Paneerselvam P, et al. 2011. Role of organic amendments on enhanced bioremediation of heavy metal (loid) contaminated soils[J]. Journal of Hazardous Materials, 185 (2-3): 549-574.

Supriatin S, Weng L, Comans R. 2015. Selenium speciation and extractability in Dutch agricultural soils[J]. Science of the Total Environment, 532 (nov.1): 368-382.

Tan J A, Zhu W Y, Wang W Y, et al. 2002. Selenium in soil and endemic diseases in China[J]. Science of the Total Environment, 284 (1): 227-235.

Tolu J, Thiry Y, Bueno M, et al. 2014. Distribution and speciation of ambient selenium in contrasted soils, from mineral to organic rich[J]. Science of the Total Environment, 479-480 (may 1): 93-101.

Wang D, Xue M Y, Wang Y K, et al. 2019. Effects of straw amendment on selenium aging in soils: Mechanism and influential factors[J]. The Science of the Total Environment, 657 (MAR.20): 871-881.

White P J, Bowen H C, Parmaguru P, et al. 2004. Interactions between selenium and sulphur nutrition in *Arabidopsis thaliana*[J]. Journal of Experimental Botany, 55 (404): 1927-1937.

Zhang H, Lombi E, Smolders E, et al. 2004. Kinetics of Zn release in soils and prediction of Zn concentration in plants using diffusive gradients in thin films[J]. Environmental Science & Technology, 38: 3608-3613.

Zhang H, Zhao F J, Sun B, et al. 2001. A new method to measure effective soil solution concentration predicts copper availability to plants[J]. Environmental Science & Technology, 35 (12): 2602-2607.

Zhang L, Hu B, Li W, et al. 2014. OsPT2, a phosphate transporter, is involved in the active uptake of selenite in rice[J]. New Phytologist, 201 (4): 1183-1191.

第4章 硒与其他有害重金属的地球化学特征及交互机制

岩石是影响土壤 Se 含量的重要因素，母岩中 Se 含量越高，则土壤 Se 含量也越高。Xia 和 Tang（1990）研究发现，不同岩性母岩中 Se 含量差异明显。除成土母岩外，土壤矿物组成和土壤理化性质也是影响土壤 Se 元素的重要因素。本书根据元素物质来源→硒和重金属在成土过程迁移转化→硒和重金属在土壤中归趋的思路，按"母岩→成土过程→铁锰结核→土壤矿物组成→理化性质"的流程，综合探讨土壤硒和重金属地球化学伴生机制。并针对硒与重金属伴生农田，开展了作物对硒和重金属的吸收利用特征及作物富硒降镉调控技术研究，得到如下主要研究结果。

4.1 广西土壤硒和重金属的含量及空间分布特征

广西富硒区土壤和重金属的含量如表 4-1 所示。广西土壤硒元素含量为 0.06~7.92 mg/kg，平均含量为 0.54 mg/kg，是全国土壤背景值（0.2 mg/kg）的 2.7 倍，表层土壤 As、Cd、Hg 和 Pb 等元素含量普遍偏高，尤其是 Cd 和 Hg 元素，分别为全国背景值的 2.76 倍和 2.78 倍，Cr 元素含量与全国相当，而 Ni、Cu 和 Zn 元素则低于全国背景值。从碳酸盐岩（含锰硅质岩区）到海相碎屑岩、第四系砂黏土，再到岩浆岩、陆相碎屑岩，土壤硒与 As、Cd、Hg、Ni、Cr、Cu 和 Zn 含量明显降低，呈现出碳酸盐岩（含锰硅质岩区）高度伴生富集规律；此外，从石灰土、粗骨土到红壤、水稻土到赤红壤再到砖红壤、紫色土，表层石灰土中硒元素和其他重金属元素也表现出伴生富集的现象；在铁矿区、锰矿区和铁锰矿叠加区，表面伴生富集现象尤为明显，其中在锰矿区主要与 As、Cd 和 Hg 伴生富集（表 4-2）。

表 4-1 广西土壤硒和重金属元素平均含量统计表

参数	Se/(mg/kg)	As/(mg/kg)	Cd/(ng/kg)	Cr/(mg/kg)	Hg/(ng/kg)	Ni/(mg/kg)	Cu/(mg/kg)	Pb/(mg/kg)	Zn/(mg/kg)
样品数量	23474	23474	23474	23474	23474	23474	23474	23474	23474
中值	0.53	11.02	172.00	61.90	104.00	18.80	20.00	29.84	59.9
平均值	0.54	11.24	248.24	66.18	111.03	19.80	19.76	31.39	65.67
最小值	0.06	0.12	16.87	1.90	3.78	1.07	1.29	5.90	5.5

续表

参数	Se/(mg/kg)	As/(mg/kg)	Cd/(ng/kg)	Cr/(mg/kg)	Hg/(ng/kg)	Ni/(mg/kg)	Cu/(mg/kg)	Pb/(mg/kg)	Zn/(mg/kg)
最大值	7.92	2986	38573	1093	29899	294	265	3567	3033
全国背景值	0.2	10	90	65	40	26	24	23	68
浓度系数（K）	2.69	1.12	2.76	1.02	2.78	0.76	0.82	1.36	0.97

注：全国背景值来源于迟清华和鄢明才（2007），浓度系数 K = 本评价含量/全国背景值。

表 4-2　不同母岩区土壤硒和重金属元素平均含量统计表

成土母质（岩）	Se/(mg/kg)	As/(mg/kg)	Cd/(ng/kg)	Cr/(mg/kg)	Cu/(mg/kg)	Hg/(ng/kg)	Ni/(mg/kg)	Pb/(mg/kg)	Zn/(mg/kg)
碳酸盐岩	0.68	19.40	640.85	113.00	26.70	160.00	35.60	33.10	106.00
含锰硅质岩	0.75	14.20	271.40	60.45	34.80	120.19	28.15	28.70	64.50
第四系砂黏土	0.49	11.23	168.95	57.80	19.50	118.65	17.16	27.90	57.60
海相碎屑岩	0.52	9.62	118.50	58.25	19.10	86.11	15.70	27.00	44.10
陆相碎屑岩	0.37	4.51	112.20	44.70	14.77	66.46	11.99	21.43	39.90
岩浆岩	0.46	7.18	141.00	35.56	15.42	96.33	13.28	39.60	57.84

土壤硒和其他重金属元素的空间分布受地层控制，但硒与重金属元素的空间分布存在差异。高硒含量区主要与碳酸盐岩、硅质岩和海相碎屑岩相耦合，中等硒含量区主要与中-酸性火成岩相耦合，低硒含量区主要与变质岩和陆相碎屑岩相耦合。As、Cd、Hg、Ni、Cr、Cu 和 Zn 7 种重金属元素高含量区主要与碳酸盐岩和含锰硅质岩耦合，而低含量区主要与变质岩和陆相碎屑岩耦合；Pb 元素高含量区主要与中酸性火成岩和部分碳酸盐岩耦合。

4.2　土壤硒和重金属的伴生关系

4.2.1　不同成土母质区土壤硒和重金属伴生关系

土壤硒与 As、Cd、Hg、Ni、Cr、Cu 和 Zn 在碳酸盐岩和硅质岩区含量高，在变质岩和陆相碎屑岩区含量低，表明广西土壤硒与重金属元素受地层控制。鉴于此，以碳酸盐岩、含锰硅质岩、第四系砂黏土、海相碎屑岩、陆相碎屑岩、岩浆岩 6 种岩性单元对土壤硒和重金属平均含量进行统计（表 4-2）。碳酸盐岩（含锰硅质岩区）→海相碎屑岩、第四系砂黏土→岩浆岩、陆相碎屑岩，土壤中 Se 和 As、Cd、Hg、Ni、Cr、Cu 和 Zn 含量明显降低，表明 Se 和 As、Cd、Hg、Ni、

Cr、Cu 和 Zn 在不同成土母质区表现出明显的伴生关系,尤其是在碳酸盐岩(含锰硅质岩区)伴生富集明显。

4.2.2 不同土壤类型硒和重金属伴生关系

按土壤类型土壤硒和重金属平均含量进行统计(表 4-3)。结合图 4-1 可以发现,由石灰土、粗骨土→红壤、水稻土→赤红壤→砖红壤、紫色土,Se 和 As、Cd、Hg、Ni、Cr、Cu 和 Zn 含量基本呈降低趋势。Se 和 As、Cd、Hg、Ni、Cr、Cu 和 Zn 在不同土壤类型区表现出明显的伴生关系。硒和重金属表现出石灰土区伴生富集规律。

表 4-3 不同土壤类型硒和重金属元素平均含量统计表　　(单位:mg/kg)

土壤类型	As	Cd	Cr	Cu	Hg	Ni	Pb	Zn	Se
砖红壤	5.92	0.10	40.10	9.82	0.07	9.75	16.50	23.70	0.44
赤红壤	10.20	0.15	55.20	19.79	0.10	16.69	32.20	55.70	0.51
红壤	12.50	0.18	71.39	21.55	0.10	22.78	29.73	71.07	0.58
黄壤	11.40	0.10	32.10	9.52	0.11	11.20	46.70	56.30	0.92
紫色土	4.15	0.12	48.50	15.29	0.07	13.50	22.56	42.40	0.39
粗骨土	14.95	0.64	95.45	22.60	0.15	29.20	24.10	83.05	0.70
石灰土	21.58	0.17	149.00	28.40	0.21	46.00	39.30	154.00	0.64
水稻土	9.12	0.16	53.00	18.42	0.10	15.70	29.50	52.20	0.49

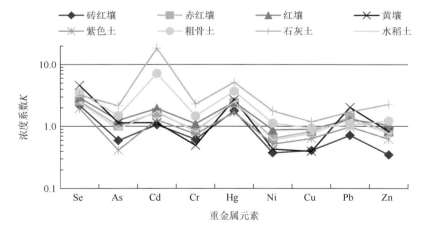

图 4-1 不同土壤类型硒和重金属元素浓度系数 K 曲线图

4.2.3 煤矿及铁锰矿区土壤硒和重金属伴生关系

铁（Fe）是变价元素，其氧化物往往具有氧化还原作用，对吸附固定土壤中元素具有很好的效果；国外学者的研究也表明，土壤中 Fe 氧化物是其他元素的有效吸附剂；土壤中 Se 活性在湿润和半湿润酸性土壤中主要受 Fe^{3+}、Mn 和 Al 的氧化物影响。本次研究发现，硒和重金属元素与土壤铁锰元素及含煤地层的分布具有很好的耦合关系。鉴于此，以铁矿区、锰矿区、铁锰矿叠加影响区、煤矿区、非矿区、研究区为统计单位统计土壤硒和重金属元素平均含量（表 4-4）。结合图 4-2 可以发现，铁锰矿叠加区、锰矿区、铁锰矿土壤硒和重金属元素高度富集，其平均含量均明显高于非矿区，煤矿区主要表现 Se、As、Cd 和 Hg 高度富集，其中铁矿区土壤硒平均含量高达 0.91 mg/kg，是全国土壤背景值的 4.55 倍，其次为煤矿区、铁锰矿叠加区和锰矿区，评价含量为 0.72~0.76 mg/kg，是全国土壤背景值的 3.6~3.8 倍，非矿区土壤硒含量仅为 0.50 mg/kg，是全国土壤背景值的 2.5 倍。综上，土壤硒元素和重金属元素在铁矿区、锰矿区和铁锰矿叠加区表现出明显的伴生关系及富集现象，在煤矿区土壤硒与 As、Cd 和 Hg 明显伴生富集。

表 4-4 不同类型矿区土壤类型硒和重金属元素平均含量统计表

指标	Se/(mg/kg)	As/(mg/kg)	Cd/(ng/kg)	Cr/(mg/kg)	Cu/(mg/kg)	Hg/(ng/kg)	Ni/(mg/kg)	Pb/(mg/kg)	Zn/(mg/kg)	Mn/(mg/kg)	Al_2O_3/%	TFe_2O_3/%
铁矿区	0.91	47.7	611.8	255.6	50.36	208.9	76.0	64.2	205.9	601	24.35	11.81
锰矿区	0.72	25.8	1810.7	129.9	35.95	223.8	52.5	47.3	170.6	2122	12.71	6.07
铁锰矿叠加区	0.75	48.7	2421.7	304.6	54.63	277.8	96.0	81.8	327.2	2074	22.29	12.15
非矿区	0.50	9.2	170.7	54.6	17.33	96.5	15.9	28.6	53.3	255	13.25	3.99
煤矿区	0.76	16.4	625.8	122.3	19.40	136.8	28.6	24.8	83.9	687	8.21	4.30
研究区	0.54	11.2	248.2	66.2	19.76	111.0	19.8	31.4	65.7	511	13.55	4.61

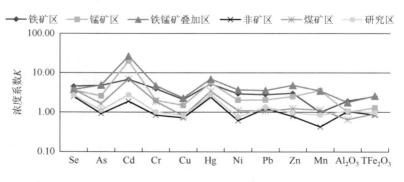

图 4-2 不同类型矿区土壤类型硒和重金属浓度系数 K 曲线图

4.3 土壤硒和重金属伴生地球化学机制

4.3.1 成土母岩对土壤硒和重金属元素的影响

岩石是影响土壤 Se 分布的重要因素,母岩中 Se 含量越高,则土壤 Se 含量越高,Se 含量较高的泥岩、页岩、泥灰岩形成的土壤 Se 含量明显较高。Xia 和 Tang(1990)研究发现,不同岩性母岩 Se 含量差异明显。Acosta 等(2001)对 8 种不同成土母质的土壤中重金属元素的研究结果表明,成土母质决定了土壤中元素的含量;Zhang 等(2002)分析西藏地区土壤中 13 种元素背景值与成土母质的关系,发现元素含量土壤和岩石中的大小顺序具有较好一致性,其在岩石中含量大小顺序为页岩>砂岩>火成岩>灰岩,而在土壤中含量大小顺序为页岩区土壤>砂岩区土壤>火成岩区土壤>灰岩区土壤>冲积物>冰川沉积>湖泊沉积。

鉴于此,以大新县为例,该县共采集岩石样品 131 件,样品岩性如表 4-5 所示。按地层分布对岩石样品和表层土壤样品硒元素平均含量进行对比,结果如图 4-3 所示。通过比较可以发现:①寒武系碎屑岩和泥盆系碎屑岩中硒元素含量总体较高,平均含量为 0.23 mg/kg,其中寒武系小内冲组泥岩硒元素含量高达 1.12 mg/kg,而碳酸盐岩地层岩石中硒元素含量则明显较低,为 0.01~0.09 mg/kg,平均为 0.03 mg/kg;②土壤中硒含量与岩石硒含量之间并未表现出明显的正相关性,其中寒武系和泥盆系碎屑岩区土壤硒元素平均含量仅为 0.68 mg/kg,其中寒武系小内冲组区土壤硒平均含量更是处于评价区土壤硒含量最低水平(0.58 mg/kg),而碳酸盐岩区土壤硒平均含量则高达 0.96 mg/kg。与硒元素相比,碎屑岩中 As、Cr、Hg、Ni、Cu、Pb 和 Zn 元素含量总体上较高,明显高于碳酸盐岩,碎屑岩区土壤重金属含量明显低于碳酸盐岩区,碳酸盐岩 Cd 含量明显高于碎屑岩,其土壤 Cd 含量也明显高于碎屑岩区。

表 4-5 评价区岩石样品信息表

岩石地层	地层代号	岩性	样品数	岩石地层	地层代号	岩性	样品数
三都组	$\epsilon_3 s$	积砂岩	1	融县组第一段	$D_3 r^1$	碳酸盐岩	5
边溪组	$\epsilon_3 b$	泥岩	1	融县组第二段	$D_3 r^2$	碳酸盐岩	5
小内冲组	$\epsilon_3 x$	泥岩	1	都安组	$C_{1-2} d$	碳酸盐岩	7
黄岗山组	$D_1 hl$	碳酸盐岩	8	英塘组	$C_1 yt$	碳酸盐岩	3
那高岭组	$D_1 n$	泥岩	1	英塘组、都安组并层	$C_1 yt\text{-}d$	碳酸盐岩	11

续表

岩石地层	地层代号	岩性	样品数	岩石地层	地层代号	岩性	样品数
莲花山组、那高岭组并层	D_1l-n	砂岩、泥岩	3	大埔组	C_2d	碳酸盐岩	5
榴江组、五指山组并层	D_3l-w	碳酸盐岩	1	大埔组、黄龙组并层	C_2d-h	碳酸盐岩	12
郁江组	D_1y	泥岩	5	黄龙组	C_2h	碳酸盐岩	3
北流组	$D_{1-2}b$	泥岩、碳酸盐岩	4	黄龙组、马平组并层	C_2h-m	碳酸盐岩	2
平恩组	$D_{1-2}p$	碳酸盐岩	3	马平组	C_2m	碳酸盐岩	16
唐家湾组	D_2t	碳酸盐岩	9	茅口组	P_2m	碳酸盐岩	7
桂林组	D_3g	碳酸盐岩	2	栖霞组	P_2q	碳酸盐岩	7
融县组	D_3r	碳酸盐岩	9				

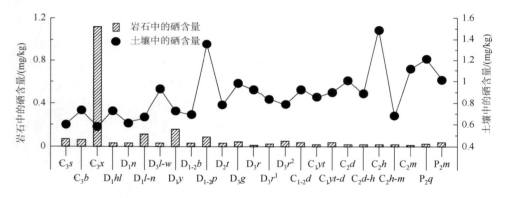

图 4-3 成土母岩与表层硒元素相平均含量对比曲线图

综上，碳酸盐岩中 Se、As、Cr、Hg、Ni、Cu、Pb 和 Zn 含量较低，而碳酸盐岩区土壤中含量却相对较高，碎屑岩中 Se、As、Cr、Hg、Ni、Cu、Pb 和 Zn 含量较高，而碎屑岩区土壤中含量相对较低；酸盐岩区，土壤与岩石中的 Cd 均相对较高，说明成壤过程中次生富集是影响 Se 和 As、Cr、Hg、Ni、Cu、Pb、Zn 伴生富集的主要原因，而继承性和次生富集的综合叠加是影响土壤 Se 和 Cd 元素富集的主要原因。

4.3.2 成土过程对土壤硒和重金属元素的影响

1）成土过程

成土母岩和土壤中硒和重金属元素关系表明：除镉外，硒和重金属在碎屑岩中具有更高的含量水平。因此，碎屑岩形成的土壤中硒和重金属含量应该更高。然而碳酸盐岩形成的土壤中硒和重金属含量总体上高于碎屑岩区土壤。这与 Zhang 等（2002）在西藏地区研究结果不同。除了成土母岩，风化作用通常被认为是控制土壤中重金属元素含量的重要因素。鉴于此，讨论评价区母岩风化成土作用对于解释评价区土壤元素含量水平及空间分布具有重要意义。A-CN-K 三角图是常被学术界应用于探讨风化作用过程的重要图解。按照传统硅酸岩风化作用研究方法进行端元划分，具体为 $A = Al_2O_3$，$CN = CaO + Na_2O$，$K = K_2O$。其中 CaO 为硅酸盐相 CaO；同时为表达母岩→土层的变化过程，本图解同时对母岩进行投影，母岩 CaO 为各相的总和。

对 43 件岩石及同点位土壤样品进行 A-CN-K 三角图投影，其中碎屑岩及同点位土壤样品各 13 件，碳酸盐岩及同点位土壤样品各 30 件，结果如图 4-4 所示。

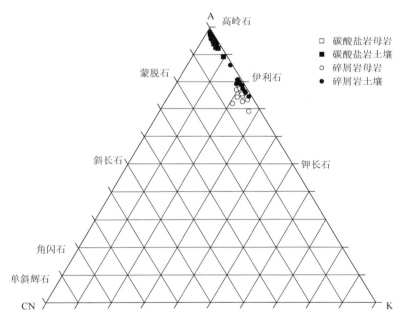

图 4-4　同点位母岩-成土母质 A-CN-K 三角图解

碳酸盐岩区：碳酸盐岩总体上处于 A-CN-K 三角图中的 CN 端，土壤总体上处于 A 端，碳酸盐岩→土壤的演化趋势均反映碳酸盐矿物的快速淋滤和 A 矿物（高岭石）快速富集；一般结晶岩类风化作用演化趋势平行于 A-CN 连线，而评价区的演化趋势与 A-CN 具有小角度的夹角，反映出少量 K 矿物累积。上述分析表明碳酸盐岩成土过程反映的是碳酸盐矿物快速分解，K 矿物的轻度累积而成。

碎屑岩区：碎屑岩和同点位土壤均总体上投影于钾长石和伊利石之间，其中母岩投影相对分散，而土壤投影相对集中且总体与 A-K 连线平行，反映母岩中含 CN 矿物（斜长石类矿物）而土壤中 CN 矿物含量很低；碎屑岩→土壤的演化趋势总体平行于 A-K 连线，反映的是长石类矿物分解、伊利石等 A 矿物的富集。

碳酸盐岩和碎屑岩风化成土过程表明：①碳酸盐岩与其形成土壤分别处于 CN 和 K 的两个端元，而碎屑岩与其土壤的投影分离很小，反映碳酸盐岩风化成土过程中岩石分解淋滤造成的体积变化远远大于碎屑岩，这是由碳酸盐岩中方解石和白云石等造岩矿物抗风化强度明显弱于碎屑岩中石英、长石等造岩矿物造成的；②碳酸盐岩风化形成的土壤次生矿物更靠近 A 端元，反映碳酸盐岩区土壤风化矿物更加彻底稳定。

A-CN-K 图解从感官上给我们定性刻画了碳酸盐岩和碎屑岩风化成土过程中碳酸盐岩分解淋滤造成的体积变化远远大于碎屑岩，初步定性探讨母岩成土过程淋溶产生的体积变化而造成的元素次生富集可能是碳酸盐岩土壤硒和重金属元素富集的原因。

2）成土过程硒和重金属富集程度

王世杰等（1999）和孙承兴等（2002）的研究均表明：碳酸盐岩区土壤物质主要来源于碳酸盐岩中的不溶组分，是碳酸盐岩风化残积的结果，有学者利用此方法对碳酸盐岩风化过程中的主量元素、微量元素及稀土元素的变化进行了研究，取得了不少关于碳酸盐岩成土过程中的认识。鉴于此，为定量探讨碳酸盐岩到土壤过程由于体积变化造成的元素富集程度，我们采集 6 件碳酸盐岩样品，并提取了酸不溶物（表 4-6）。

表 4-6　典型碳酸盐岩原岩、酸溶解物、酸不溶解物

序号	样品编号	地区	岩石类别	原岩/g	酸不溶解物/g	酸溶解物/g	不溶解物占比/%
1	HSYXYS04	鹿寨	灰岩	2000	49.55	1950.45	2.48
2	XJKY05	贵港	灰岩	2000	92.73	1907.27	4.64
3	MKYS03	扶绥	白云岩	16500	17.74	16482.26	0.11
4	MKYS04	扶绥	白云岩	16500	31.42	16468.58	0.19
5	DXYS09	大新	白云岩	2000	23.43	1976.57	1.17
6	DXYS10	大新	白云岩	3000	58.59	2941.41	1.95

从表 4-6 中还可以看到，酸不溶解物占原岩比例为 0.11%～4.64%，表明碳酸盐岩在风化成土过程中，在不考虑硒和重金属淋滤时，碳酸盐岩区土壤硒和重金属元素含量最高可达岩石的 930 倍，最低也达到 22 倍，平均可达 276 倍。这和 A-CN-K 图解均很好说明了碳酸盐岩风化成土过程体积变化是土壤硒和重金属高度富集的主要原因。

4.3.3 土壤铁锰结核对土壤硒和重金属元素的影响

前人研究表明，铁锰结核富集了大量的 Fe、Mn 和一些其他元素，锰元素含量为相应土体的 34~54 倍，钴元素的富集系数为 16~19，有的高达 140，Cu、Pb、Ni、V 等也强烈富集，其次是 Ba、Sr。稀有金属元素、重金属元素、稀土元素等在结核中富集，主要是由于铁锰结核表面对稀有元素具有强烈的吸附作用，或者是在结核形成过程中不同元素间发生了共沉淀作用，稀土元素的分布模式图显示结核中 Ce 元素的强烈正异常。本次研究发现，铁锰矿区土壤硒和重金属元素表现出明显的伴生富集现象，这与前人研究一致。为探讨铁锰矿区域土壤硒和重金属伴生富集机制，分别在铁矿区和锰矿区采集 6 件土壤样品，按照<10 目（结核＋黏土）、>10 目（结核）和<10 目（结核）进行过筛处理，并分别送检，其硒和重金属含量如图 4-5、图 4-6 所示。需说明的是，前述的土壤硒和重金属含量指的是<10 目（铁结核＋黏土）含量。

从图 4-5 和图 4-6 中可以看到，铁矿区：<10 目（铁结核＋黏土）土壤物质硒含量为 0.58~1.32 mg/kg，平均为 0.81 mg/kg，而铁结核（>10 目和<10 目）硒元素为 0.75~3.34 mg/kg，平均含量高达 1.76 mg/kg；锰矿区：<10 目（锰结核＋黏土）土壤物质硒含量为 0.32~0.81 mg/kg，平均为 0.62 mg/kg，而锰结核（>10 目和<10 目）硒含量为 0.30~1.36 mg/kg，平均高达 0.82 mg/kg。结合可以发现，除 Hg 元素外，铁矿区和锰矿区土壤中结核重金属元素含量明显高于 10 目（锰结核＋黏土），尤其是锰矿区锰结核 Cd 含量高达 122 mg/kg，而<10 目（锰结核＋黏土）仅为 15.62 mg/kg。

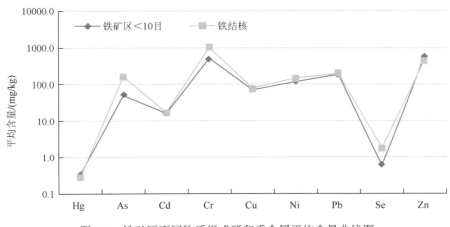

图 4-5 铁矿区不同物质组成硒和重金属平均含量曲线图

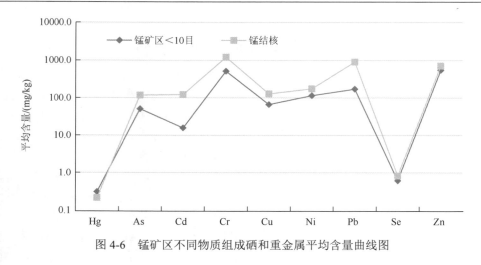

图 4-6 锰矿区不同物质组成硒和重金属平均含量曲线图

上述分析这表明，铁锰矿区土壤硒和重金属元素主要富集于铁锰结核中，铁锰结核对硒和重金属的富集作用是铁锰矿区土壤硒和重金属元素高度伴生富集的主要原因。

4.3.4 其他因素对土壤硒和重金属元素的影响

岩石与土壤 Se 元素关系表明，研究区土壤 Se 含量特征可能与成土过程中次生富集作用有关；土壤矿物组成和土壤理化性质也是影响土壤 Se 的重要因素。土壤理化性质一直被认为是影响土壤中重金属含量和分布的重要因素。其中黏土矿物、有机质、pH 和粒径对重金属含量和分布的影响尤为明显（Tack et al.，1997；Klassen，1998；Alloway，2010；Chen et al.，1999；Tack et al.，2005；Boluda，1988；Martinez and Motto，2000；Ramos-Miras et al.，2011；Salminen and Tarvainen，1997）。Acosta 等（2011）通过研究不同成土母质的土壤中微量元素的影响因素发现，土壤中的重金属元素与含铝、含镁或者含铁矿物具有很好的相关关系。

鉴于此，本次研究重点从土壤矿物组成、有机碳含量和 pH 等方面论述土壤硒和重金属含量的影响因素。由于未对土壤进行详细的矿物分析，本次研究以主量元素的含量来定性表示土壤矿物组成的特征。对土壤硒和重金属与土壤主微量元素、风化强度和土壤理化性质进行 Pearson 相关性分析（表 4-7），可以发现：土壤硒与重金属元素表现出显著正相关性，相关系数为 0.19～0.53，表明硒和重金属具有一定的伴生关系；土壤硒和重金属与化学蚀变指数（CIA）、TFe_2O_3、Mn、CaO、MgO、有机碳（orgC）和 pH 呈显著正相关，而与 K_2O、Na_2O、SiO_2 呈显著负相关。其中与 CIA 显著正相关，反映风化强度越高，硒和重金属富集程度越大；与土壤 TFe_2O_3 和 Mn 呈显著正相关，表明土壤铁锰矿物对土壤硒和重金属起到很好的富集作用，

第 4 章　硒与其他有害重金属的地球化学特征及交互机制

表 4-7　土壤元素 Pearson 相关性分析表

	Se	As	Cd	Cr	Hg	Ni	Cu	Pb	Zn	SiO$_2$	Al$_2$O$_3$	TFe$_2$O$_3$	CaO	MgO	K$_2$O	orgC	Na$_2$O	CIA	Mn	Zr	Ti	N	P	S	Mo	pH
Se	1																									
As	0.53**	1																								
Cd	0.34**	0.54**	1																							
Cr	0.53**	0.78**	0.74**	1																						
Hg	0.31**	0.20**	0.27**	0.26**	1																					
Ni	0.53**	0.71**	0.78**	0.89**	0.17*	1																				
Cu	0.52**	0.55**	0.40**	0.53**	0.18*	0.65**	1																			
Pb	0.19**	0.44**	0.241**	0.27**	0.12	0.29**	0.64**	1																		
Zn	0.41**	0.73**	0.85**	0.85**	0.24**	0.91**	0.65**	0.51**	1																	
SiO$_2$	−0.19	−0.55**	−0.54**	−0.67**	−0.05	−0.68**	−0.47**	−0.34**	−0.76**	1																
Al$_2$O$_3$	0.08	0.39**	0.40**	0.50**	−0.10	0.52**	0.31**	0.27**	0.60**	−0.94**	1															
TFe$_2$O$_3$	0.42**	0.76**	0.54**	0.83**	0.11	0.81**	0.68**	0.39**	0.80**	−0.81**	0.65**	1														
CaO	0.23**	0.46**	0.85**	0.62**	0.43**	0.65**	0.35**	0.20**	0.75**	−0.50**	0.32**	0.48**	1													
MgO	0.01	0.28**	0.18*	0.36**	−0.03	0.40**	0.30**	0.17*	0.38**	−0.51**	0.39**	0.52**	0.27**	1												
K$_2$O	−0.31**	−0.27**	−0.31**	−0.40**	−0.14	−0.35**	−0.18*	0.07	−0.24**	−0.14	0.29**	−0.21**	−0.29**	0.18*	1											
orgC	0.53**	0.43**	0.42**	0.51**	0.37**	0.52**	0.46**	0.32**	0.57**	−0.63**	0.56**	0.53**	0.44**	0.33**	0.13	1										
Na$_2$O	−0.30**	−0.19**	−0.09	−0.14	−0.10	−0.10	−0.07	−0.03	−0.03	−0.25**	0.28**	0.04	0.01	0.20**	0.34**	0.02	1									
CIA	0.40**	0.48**	0.48**	0.63**	0.12	0.61**	0.36**	0.11	0.52**	−0.33**	0.31**	0.50**	0.40**	−0.04	−0.78**	0.21**	−0.43**	1								
Mn	0.44**	0.631**	0.55**	0.57**	0.08	0.70**	0.80**	0.67**	0.73**	−0.47**	0.45**	0.67**	0.45**	0.23**	−0.25**	0.34**	−0.08	0.43**	1							
Zr	0.04	0.45**	0.34**	0.56**	−0.03	0.40**	0.10	0.06	0.46**	−0.52**	0.66**	0.60**	0.32**	0.16*	−0.32**	0.12	0.07	0.47**	0.226**	1						
Ti	0.334**	0.65**	0.55**	0.80**	0.05	0.75**	0.54**	0.23**	0.75**	−0.80**	0.93**	0.93**	0.49**	0.40**	−0.28**	0.48**	0.06	0.57**	0.539**	0.77**	1					
N	0.45**	0.37**	0.41**	0.45**	0.43**	0.46**	0.44**	0.34**	0.52**	−0.56**	0.49**	0.47**	0.41**	0.22**	0.16*	0.91**	−0.02	0.17*	0.325**	0.06	0.415**	1				
P	−0.07	0.02	0.11	0.08	−0.03	0.11	0.06	0.09	0.13	−0.12	0.05	0.07	0.03	0.15	0.13	0.12	0.03	−0.08	0.08	−0.06	0.03	0.16*	1			
S	−0.05	−0.02	0.07	0.03	0.17**	0.02	0.02	0.05	0.07	−0.05	−0.01	0.04	0.19**	0.03	−0.10	0.12	0.48**	−0.13	−0.01	0.13	0.07	0.10	−0.03	1		
Mo	0.49**	0.30**	0.13	0.22**	0.21**	0.19*	0.40**	0.15*	0.21**	−0.18**	0.12	0.22**	0.07	−0.06	−0.05	0.36**	0.09	0.12	0.243**	0.08	0.21**	0.30**	−0.04	0.08	1	
pH	0.11	0.43**	0.55**	0.51**	0.45**	0.53**	0.27**	0.18*	0.62**	−0.37**	0.19**	0.42**	0.71**	0.25**	−0.34**	0.27**	0.15*	0.32**	0.304**	0.34**	0.39**	0.25**	−0.04	0.27**	0.08	1

**表示在 0.01 水平（双侧）上显著相关；*表示在 0.05 水平（双侧）上显著相关。

注：CIA 为风化强度指数，CIA = 100 × Al$_2$O$_3$/(Al$_2$O$_3$ + CaO* + Na$_2$O + K$_2$O)，其中 CaO* 为样品中硅酸盐成分中的 CaO。

这与前人研究一致；与 CaO、MgO 呈显著正相关，可解释为碳酸盐岩以方解石和白云石为主，$CaCO_3$ 和 $MgCO_3$ 含量高，碳酸盐岩区土壤 CaO 和 MgO 高于碎屑岩区域，而硒和重金属与 CaO、MgO 呈显著正相关，正好反映了碳酸盐岩区土壤硒和重金属伴生富集的现象；与有机碳（orgC）呈正相关反映土壤有机碳有利于硒和重金属的富集；与 pH 的显著正相关则反映了土壤越偏碱性，硒和重金属含量越高，这进一步证实了碳酸盐岩区土壤硒和重金属存在高度伴生富集现象；而与 K_2O、Na_2O、SiO_2 呈显著负相关，可能反映硒和重金属在风化作用过程中残留能力强于 K、Na，而 K、Na 矿物在风化作用中容易分解、淋滤，同时也反映土壤石英不利于土壤硒的富集。

4.4 硒和重金属在土壤–植物系统的迁移转化特征及其交互机制

4.4.1 土壤中硒–重金属相互作用

镉作为"五毒"元素之一，具有较强的化学活性和持久的毒性。农田土壤中过量的镉不仅抑制植物生长，还会通过食物链进入人体，累积到一定剂量后危害人体健康。尤其在南方地区，硒与镉伴生现象尤为突出。因此项目组重点围绕硒与镉开展了相关研究。

1）硒与重金属镉在土壤中的形态分布

硒和镉在土壤中的含量、形态、分布及生物有效性是影响植物硒累积的决定性因素，普遍将两者的形态划分为水溶态、可交换态、酸溶态（包括碳酸盐及铁锰氧化物结合态）、有机结合态和残渣态。一般认为对植物有效的土壤硒和镉主要以水溶态、交换态和有机结合态形式存在。

2）硒与镉在土壤中形态转化的影响因素

硒和镉在土壤中的存在形态及其有效性受土壤 pH、土壤氧化还原电位（Eh）、有机质含量、矿物质组成、土壤微生物等理化性质影响，其中土壤 pH 是影响土壤硒和镉形态分布、形态之间转化及生物有效性的较为活跃的因素。一般情况下，随着 pH 升高，土壤对硒的吸附降低，硒主要以硒酸盐形式存在，硒酸盐易溶于水，因而植物有效性最高，但也容易淋溶流失（王松山，2012）；相反，土壤水溶态和交换态镉的含量降低，有效性降低。而弱酸性土壤中，硒以亚硒酸盐的形式存在，虽易溶于水，但受土壤中氧化铁或氢氧化铁的强烈吸附，因而有效性相对较低；此条件下，随着土壤 pH 降低，碳酸盐态镉容易重新释放而进入环境中，移动性和生物活性增强，而铁锰化物结合态和有机态镉活性降低，但土壤 pH 引起的变化并不是单一递进的关系（廖敏等，1999）。

土壤氧化还原状况直接影响硒和镉在土壤中的存在价态。在氧化条件下，硒的有效性明显提高，而土壤中难溶性的 CdS 被氧化，Cd^{2+} 大量游离于土壤溶液中，加重污染。在淹水强还原状态下的土壤中，硒化物占主导，硒化物难溶于水，植物难以吸收（于淑慧等，2013）；土壤中 Cd^{2+} 则转化成难溶性的 CdS 存在于土壤中，活性降低。

自然条件下的可溶态硒含量很少，但经过长期风化和农耕，硒可富集在土壤有机质中。土壤可溶态硒含量随有机质和黏粒含量增加而增大，土壤有机质除对铁锰氧化物结合态硒含量有负影响外，对可交换态硒、有机态硒、残渣态硒含量均有正影响。一般情况下，与富里酸（黄腐酸）结合的硒的植物有效性较高，而与胡敏酸（腐殖酸）结合的硒则难以被植物吸收。土壤有机质在镉形态转化过程中发挥着除土壤 pH 以外最重要的作用，因为有机质含有大量官能团，可与镉发生络合/螯合反应，其比表面积和对镉离子的吸附能力远远超过任何其他的矿质胶体。类似地，土壤黏粒也具有巨大的比表面积、丰富的表面电荷和优越的移动性，加速镉被土壤吸附的过程。另外，土壤中的铁锰氧化物，特别是锰的氢氧化物，对镉有强烈的专性吸附能力，可影响镉在土壤中的迁移转化及活性。在强烈的还原条件下，铁锰氧化物还原成二价铁锰，与有机质形成络合态亚铁和络合态锰，并释放出其吸附的镉，从而影响镉的活性。

此外，土壤微生物在土壤硒和镉的迁移转化中也扮演重要角色，有些土壤微生物具有产生挥发性硒、降解根际有机硒以及还原亚硒酸产生元素硒等功能，从而改变土壤硒的形态和浓度。与硒类似，微生物可以通过其自身的代谢分解作用，改变土壤性质，影响镉在土壤中的形态，降低其生物有效性，有些微生物本身还可以吸收重金属，减少重金属在土壤中的含量；或是利用自身与重金属发生氧化或还原作用，降低重金属在土壤中的活性和毒性。

4.4.2 硒与重金属镉在土壤–作物体系的互作效应

为了更进一步了解土壤-作物体系中的硒-镉形态互作过程与机制，研究团队选取了我国南方又一具有高硒高镉土壤地球化学背景的典型区域——贵州省威宁彝族回族苗族自治县小海镇、双龙镇作为研究区域（土壤总镉 1.43～3.74 mg/kg；土壤总硒 0.35～1.04 mg/kg），进行了更为广泛的取样分析，重点关注旱地作物组织中硒镉的相互作用行为，并以玉米作为研究对象。在每个 500 m² 的采样区域设置 4 个玉米采样点，每个采样点采集 1 株玉米以及 3 个对应的根系土壤。总共收集玉米样品 16 株（包含根、茎、叶和籽粒）以及土壤样品 48 份来分析土壤和玉米植株中硒、镉形态。

1）玉米各组织中硒和镉摩尔浓度之间的关系

分别测定玉米组织中的硒和镉含量，结果显示，根、茎和籽粒中硒和镉的摩尔浓度呈负相关（图 4-7），但是并不显著（$p>0.05$），而在叶中，硒和镉的摩尔浓度呈显著负相关（$p<0.05$）。

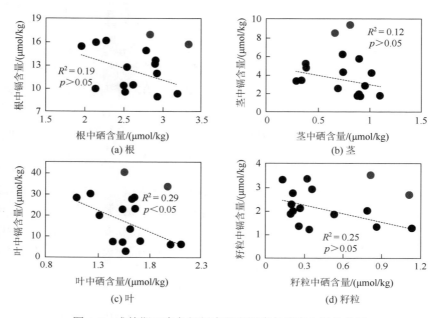

图 4-7 成熟期玉米各组织中硒和镉摩尔浓度之间的关系

2）土壤-玉米体系中硒-镉互作效应

通过回归分析发现，不同玉米组织中镉含量与土壤生物有效硒镉摩尔比的关系如图 4-8 所示。土壤有效硒镉摩尔比在 0.4~0.7 范围内，该比值越高，玉米各组织中的镉积累量就会越高。然而，当土壤生物有效硒镉摩尔比在 0.7~1.1 范围内，土壤中生物有效硒含量相对生物有效镉的增高会导致各组织内的镉积累量降低。该阈值效应在玉米根和茎部尤为显著。利用镉的迁移系数[TF，如 TF-Cd（根/土壤生物有效态）＝根中镉含量/土壤生物有效镉含量]来表示镉在土壤、根、茎、叶和籽粒之间的迁移效率。随着土壤生物可利用硒镉摩尔比值的增加，TFs-Cd（根/土壤生物有效态）会显著升高（$R^2=0.78$，$p<0.01$）；土壤生物可利用态硒镉摩尔比与 TFs-Cd（叶/茎）存在弱正相关趋势（$R^2=0.24$，$p>0.05$）。除 TFs-Cd（茎/根）与土壤生物可利用硒镉摩尔比存在阈值效应的趋势外（$p>0.05$），其他组织中迁移系数与土壤生物有效硒镉摩尔比值皆无阈值效应出现。结果表明，土壤中生物有效硒镉摩尔比值的升高可以显著提高镉从土壤向根、茎向叶的相对转运效率，但叶片向籽粒的转移效率略有下降。并且，在 0.4~0.7 范围内，土壤生物有效硒镉摩尔比值越大，镉从根向茎的迁移效率越高；而在 0.7~1.1 范围内，该比值越大，镉从根向茎的迁移效率越低。硒与镉存在差异，由图 4-9 所示，土壤生物有效态硒镉摩尔比对不同组织中硒累积量和 TFs-Se 值的影响并不显著（$p>0.05$）。但是，玉米根和茎中硒的积累含量、TFs-Se（根/土壤有效态）、TFs-Se（茎/根）与土壤生物有效硒镉摩尔比之间存在阈值效应。尤其当土壤生物有效硒镉摩尔比大于 0.7 时，TFs-Se（根/土壤有效态）与该比值呈显著正相关（$R^2 = 0.60$，$p<0.05$）。此外，玉米各组织中硒积累特性的变化趋势与 TFs-Se 的变化趋势相似。

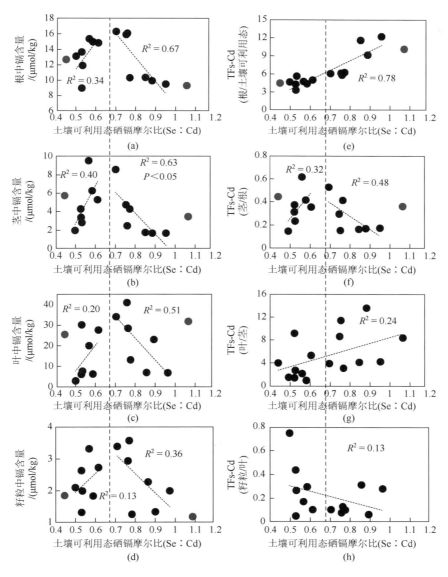

图 4-8　成熟期玉米根、茎、叶和籽粒中镉含量与土壤生物有效硒镉摩尔比的关系

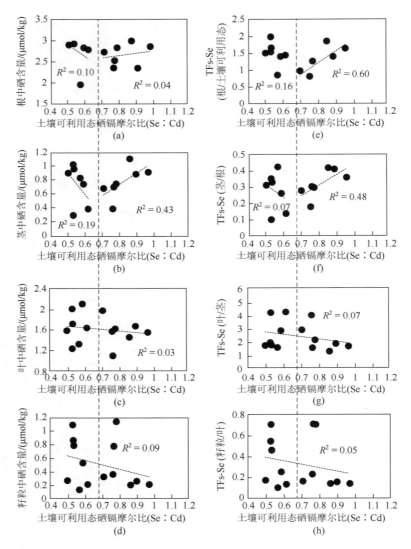

图 4-9 成熟期玉米根、茎、叶和籽粒中硒含量与土壤生物有效硒镉摩尔比的关系

4.4.3 作物对硒及重金属的吸收累积特征

1）水稻生长及其吸收累积硒与重金属的特征

为进一步了解硒对水稻吸收重金属的影响机制，以水稻为研究对象开展大田试验，分析硒对水稻生长特性及硒和重金属（砷、铬、镉、铅）累积的影响。本研究设置1个对照（CK，不施硒肥）和3个硒肥水平（以单质硒计）（Se30：30 kg/hm²；Se60：60 kg/hm²；Se120：120 kg/hm²），每个小区面积为1亩，每个处理重复

3 次。将含硒肥料通过与尿素混合后于水稻苗期施入稻田。其他栽培管理措施统一按常规栽培要求实施。研究结果表明,硒对水稻分蘖有一定的促进作用(表 4-8)。随着水稻的生长,水稻干物质量逐渐上升,并随施硒量的增加而增加(表 4-9)。施用硒肥对水稻有一定的增产效果,但无显著差异。硒肥能够显著提高大米的总硒、无机硒及有机硒含量,且使有机硒占总硒比例增加(表 4-10),稻米中有机硒占比从对照的 68.6%提高到 85.2%。

表 4-8　硒肥用量与水稻群体分蘖数的关系　　　（单位：万/亩）

处理	水稻群体分蘖数			
	分蘖期	孕穗期	灌浆期	成熟期
CK	30.1±4.4a	27.5±3.6b	19.0±3.6b	17.3±1.5a
Se30	33.6±4.9a	30.8±5.0ab	23.3±6.7ab	18.3±2.9a
Se60	36.5±4.4a	31.7±5.2ab	27.3±5.0ab	19.0±2.6a
Se120	36.7±5.1a	33.0±3.3a	28.0±5.2a	19.3±2.5a

表 4-9　硒肥用量对水稻干物质量及产量的影响　　　（单位：kg/亩）

处理	水稻干物质量				产量
	分蘖期	孕穗期	灌浆期	成熟期	
CK	215.6±13.1b	832.5±34.1a	1008.9±42.1a	1339.9±58.1a	545.4±15.3a
Se30	226.8±6.8ab	840.2±37.0a	1053.6±55.8a	1366.1±52.5a	570.1±52.5a
Se60	254.8±14.7ab	935.2±75.6a	1166.4±58.6a	1513.7±38.5a	572.4±6.7a
Se120	266.0±15.4a	997.5±119.0a	1279.2±25.2a	1606.5±43.0a	584.9±8.0a

表 4-10　稻米中不同形态硒的含量　　　（单位：μg/kg）

处理	总硒	无机硒	有机硒
CK	42.0±10.8a	13.1±2.1a	28.9±4.3a
Se120	171.1±21.0b	25.4±2.5b	145.7±10.4b

由表 4-11 可见,施用硒肥均提高了水稻穗部粳米、糠、颖壳、枝梗中硒累积量,且在所有部位中,粳米中的硒累积量比例最大。硒肥施用不同程度影响了重金属(砷、铬、镉、铅)在水稻各部位的累积量及其占比,能有效抑制粳米中铬、镉等重金属含量,提高稻米品质,并以铬的效果最显著。

表 4-11　水稻穗部硒、砷、铬、镉、铅的累积量

元素	部位	CK		Se120	
		累积量/(μg/株)	分配比例/%	累积量/(μg/株)	分配比例/%
硒	糯米	0.067±0.035a	45.8	0.311±0.215a	52.6
	糠	0.018±0.012a	12.0	0.124±0.009b	20.9
	颖壳	0.049±0.011a	33.2	0.125±0.006b	21.0
	枝梗	0.013±0.003a	9.0	0.033±0.007b	5.5
砷	糯米	0.000±0.000a	0.0	0.000±0.000a	0.0
	糠	0.089±0.021a	25.1	0.115±0.100a	17.7
	颖壳	0.257±0.226a	72.7	0.455±0.159a	70.3
	枝梗	0.008±0.014a	2.3	0.078±0.062a	12.1
铬	糯米	9.659±2.141a	38.8	0.000±0.000b	0.0
	糠	2.636±0.220a	10.6	0.000±0.000b	0.0
	颖壳	11.606±8.756a	46.6	11.364±4.557a	96.9
	枝梗	0.985±0.199a	4.0	0.365±0.210b	3.1
镉	糯米	0.072±0.031a	35.0	0.054±0.009a	47.2
	糠	0.043±0.011a	21.0	0.031±0.012a	27.3
	颖壳	0.068±0.036a	33.0	0.022±0.004b	18.9
	枝梗	0.023±0.013a	10.9	0.008±0.001b	6.9
铅	糯米	0.123±0.106a	8.5	0.034±0.028a	2.3
	糠	0.090±0.040a	6.2	0.237±0.172a	16.3
	颖壳	1.115±0.622a	77.1	1.083±0.438a	74.5
	枝梗	0.119±0.031a	8.2	0.100±0.051a	6.9

　　为更进一步了解水稻不同时期对硒与镉的吸收特征，再次通过盆栽试验，设置不同土壤硒浓度（土壤镉本底值 1.5 mg/kg），以亚硒酸钠形式添加到土壤中，添加量分别为 0 mg/kg、0.5 mg/kg、1.25 mg/kg、2.5 mg/kg、5 mg/kg、10 mg/kg、20 mg/kg，在分别在水稻分蘖期、抽穗期和成熟期采集水稻茎叶，分析不同时期水稻茎叶在不同处理下的硒、镉含量，并在成熟期收获水稻籽粒，分别测定糙米硒和镉含量。从图 4-10 和图 4-11 可以看出，随着土壤硒浓度的增大，水稻茎叶在各个时期吸收累积硒越多，而镉的累积量越少，并且水稻对硒和镉的吸收均在抽穗期达到最大，硒镉含量较对照差距达到最大，因此推断水稻分蘖期至抽穗期是硒镉拮抗的关键期。成熟期，图 4-12 糙米镉含量随着硒含量升高而降低，但当土壤硒达到 10 mg/kg 以上，糙米硒含量虽然继续升高，但镉的累积量增加幅度明显减小，可见，在合适的硒水平下，才能促进硒对镉的拮抗作用，超出范围不仅造成硒资源浪费，降低效果也不明显。综合以上对水稻不同生产时期吸收累积硒和镉的变化状况，以及水稻对重金属镉的吸收运转情况，如何有效地调控分蘖期水稻对硒和镉的吸收，是稻米富硒阻镉的关键。

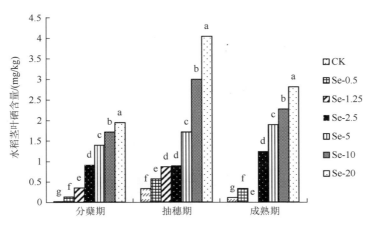

图 4-10　不同硒水平对水稻茎叶不同时期吸收硒的影响

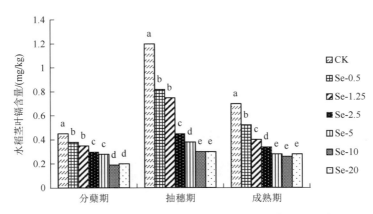

图 4-11　不同硒水平对水稻茎叶不同时期吸收镉的影响

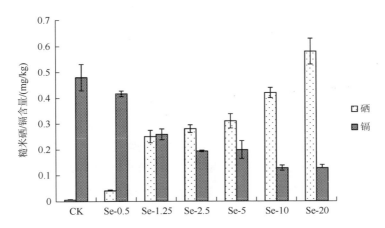

图 4-12　不同硒水平对糙米累积硒和镉的影响

2）旱地作物对硒和重金属的吸收特征

广西不仅拥有大面积的连片富硒土壤，而且是全国知名的茶叶主产区之一，基于富硒土壤资源开发的富硒茶产品，势必增加产品附加值。为保障富硒茶产品质量安全和为风险管控提供科学依据，选择特色作物茶树作为研究对象，对比不同硒水平下，茶叶对硒与重金属的吸收累积特征。针对广西富硒区不同区域茶园特点，选择桂西（八桂凌云茶园）、桂南（桂平西山碧水茶园）、横县茉莉花茶园、桂中（美丽南方辣木茶园）不同海拔茶园作为试验点，并对不同茶园土壤重金属和硒的背景值进行了调查（表 4-12）。

表 4-12 茶园海拔及土壤重金属和硒含量

试验点	海拔/m	Hg/(mg/kg)	As/(mg/kg)	Pb/(mg/kg)	Cr/(mg/kg)	Cd/(mg/kg)	Se/(mg/kg)	pH
八桂凌云茶园	1310	0.2	7.1	31.18	55.2	0.17	0.77	4.6
横县茉莉花茶园	81	0.16	12.7	65.3	85.7	0.15	1.5	6.5
桂平西山碧水茶园	46	0.03	6.46	17.6	61.5	0.12	1.14	6.3
美丽南方辣木茶园	90	0.2	3.6	0.7	10.9	0.21	0.36	6.2

分别在以上 4 个茶园试验设置 4 个处理，基肥施用含硒（Se：1000 mg/kg）土壤调理剂 10 kg/亩、15 kg/亩、20 kg/亩及常规种植对照组。分别标记为 T10、T15、T20、CK。收获时采集茶叶及土壤样品，分析土壤、茶叶中的重金属及硒含量，结果见表 4-13～表 4-16。结果表明，不同水平的含硒土壤调理剂施入大田后，各试验点土壤硒含量增加梯度基本一致，不同茶园的茶叶硒含量随着土壤调理剂施用量增加而增加，但不同茶叶硒含量的增加幅度存在差异，且当调理剂达到最大添加量时，茶叶硒含量增加幅度变小，可见，茶叶对土壤硒的利用率存在一定的局限性。四个茶园中，八桂凌云茶园的茶叶硒含量增加幅度相对较高，原因可能是该茶园土壤 pH 相对较低，而土壤调理剂偏碱性，施用之后土壤硒的有效性得以提高。茶叶对不同重金属的累积量随着硒水平的变化呈现不一致的变化规律。土壤调理剂施入大田后，由于调理剂中可能含有一定量的重金属元素，土壤重金属含量相对于背景值有所提高，尤其是砷、铅、铬。对比几种重金属，汞的利用在不同茶叶表现不同的趋势，八桂凌云茶叶对汞的累积量不受硒的影响，而横县茉莉花茶和西山茶随着硒水平提高而增加，茶叶汞含量降低，辣木茶则是随硒增加而增加。四个茶园茶叶的砷、铅、铬、镉含量随着硒增加略有增加，其中辣木茶叶重金属含量增加较为明显，但各茶园茶叶重金属含量均在安全范围内。因此，在实际生产中，在利用土壤本底硒的同时，为避免硒资源浪费及重金属超标风险，含硒（Se：1000 mg/kg）土壤调理剂施用量不宜超过 15 kg/亩。

第 4 章　硒与其他有害重金属的地球化学特征及交互机制

表 4-13　八桂凌云茶园土壤和茶叶重金属及硒含量　（单位：mg/kg）

处理	Hg		As		Pb		Cr		Cd		Se	
	土壤	茶叶	土壤	茶叶	土壤	茶叶	土壤	茶叶	土壤	茶叶	土壤	茶叶
CK	0.2	—	7.1	0.03	31.18	0.9	55.2	0.25	0.17	0.03	0.77	0.214
T10	0.32	—	8.35	0.03	38.75	1.1	61.21	0.39	0.15	0.08	0.98	2.51
T15	0.28	—	10.28	0.05	29.76	0.9	70.56	0.31	0.11	0.09	1.19	3.94
T20	0.36	—	12.62	0.04	35.46	1.3	79.23	0.42	0.12	0.09	1.31	2.18

表 4-14　横县茉莉花茶园土壤和茶叶重金属及硒含量　（单位：mg/kg）

处理	Hg		As		Pb		Cr		Cd		Se	
	土壤	茶叶	土壤	茶叶	土壤	茶叶	土壤	茶叶	土壤	茶叶	土壤	茶叶
CK	0.19	0.005	12.36	0.021	16.87	0.074	81.36	0.013	0.15	0.45	1.5	0.057
T10	0.26	0.003	15.22	0.025	20.08	0.067	102.56	0.033	0.18	0.50	1.72	0.51
T15	0.35	0.005	18.94	0.025	25.81	0.064	98.53	0.073	0.21	0.57	1.96	0.90
T20	0.32	0.003	13.65	0.026	27.69	0.081	112.82	0.010	0.26	0.41	2.18	2.17

表 4-15　美丽南方辣木茶园土壤和茶叶重金属及硒含量　（单位：mg/kg）

处理	Hg		As		Pb		Cr		Cd		Se	
	土壤	茶叶	土壤	茶叶	土壤	茶叶	土壤	茶叶	土壤	茶叶	土壤	茶叶
CK	0.12	0.03	5.81	0.05	2.21	0.31	16.35	0.55	0.13	0.11	0.36	0.23
T10	0.23	0.06	11.63	0.09	13.61	0.36	26.78	0.76	0.15	0.14	0.56	1.10
T15	0.29	0.05	19.87	0.08	17.59	0.53	32.17	0.64	0.18	0.18	0.71	2.78
T20	0.35	0.05	26.15	0.06	20.11	0.49	30.52	0.71	0.21	0.15	0.92	3.56

表 4-16　桂平西山碧水茶园土壤和茶叶重金属及硒含量　（单位：mg/kg）

处理	Hg		As		Pb		Cr		Cd		Se	
	土壤	茶叶	土壤	茶叶	土壤	茶叶	土壤	茶叶	土壤	茶叶	土壤	茶叶
CK	0.03	0.005	6.46	0.018	17.60	0.056	61.50	0.39	0.12	0.035	1.14	0.117
T10	0.18	0.005	6.23	0.019	32.16	0.099	86.53	0.71	0.07	0.049	1.36	0.69
T15	0.15	0.004	4.82	0.013	36.87	0.15	79.28	0.46	0.07	0.047	1.49	1.14
T20	0.13	0.004	3.25	0.02	40.22	0.076	82.16	1.18	0.08	0.045	1.57	1.23

4.4.4　硒与重金属在植物体内的交互机制

已有研究表明，在适宜的浓度下硒能抵抗镉、铅、汞等重金属对植物的毒害，降低植物对重金属元素的吸收积累（黄青青等，2013）。硒在提高植物抗逆性、缓解重金属胁迫以及阻碍植物对重金属吸收等方面有着重要作用，但其机制尚不明确。Van Assche 和 Clijsters（1990）认为重金属离子抑制原叶绿素酸酯还原酶活性，最终严重影响植物光合作用。加硒培养，铬毒害水稻幼苗的病症减轻，这可能是硒与重金属等污染元素之间多表现为拮抗关系，硒能增强植物对重金属、环境污染物和生理逆境的抵抗力。硒肥的施用能有效降低穗部铬和镉的累积量，而对铅无明显抑制作用。硒可以减轻镉胁迫对水稻幼苗生长的抑制作用，提高叶片叶绿素含量，增加叶片干物质积累且有效保护酶活性（高阿祥等，2017）。植物在逆境环境下，往往会发生膜脂过氧化作用，丙二醛是其产物之一，通常利用它作为膜脂质过氧化指标，表示细胞膜脂质过氧化程度和植物对逆境条件反应的强度，丙二醛含量越高，说明膜脂过氧化程度越大，也可间接反映植物组织的抗氧化能力的强弱。不同浓度硒处理下，水稻茎叶和根系的丙二醛含量与对照相比（图4-13），硒浓度越高丙二醛含量越低，说明水稻膜脂过氧化作用减弱，根系和叶片抗氧化性提高，是其阻镉的机制之一。茎叶中丙二醛含量的下降比例大于根系，说明在水稻茎叶中的膜脂过氧化作用减小加剧，进一步抑制了镉向水稻籽粒转移。另外，施用硒肥在显著增加水稻穗部硒含量的同时也增加了砷的累积量，分别增加了260%和85%。可能是由于硒、砷之间较大的化学亲合力，它们在植物体内可能生成一种较稳定、毒性低的硒-砷复合物，从而减轻砷对抗氧化酶活性的抑制作用，减轻活性氧自由基对植物的损伤。

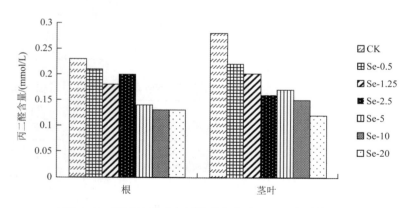

图4-13　不同处理对水稻根系和茎叶丙二醛含量的影响

深入了解植物体内硒和镉的分子水平的转运和积累特性，对于探索硒镉交互界面的作用机制具有重要意义。在高等植物中，硒是通过硫同化途径代谢的（Zhu et al.，2009），并且在高等植物中相对丰富的硒含量更容易被还原为硒醚，进而将这些硒醚合成硒代氨基酸和含硒蛋白质（Pilon-Smits et al.，1999）。而在植物细胞内的镉通常与硫配体结合,尤其是硫醇基团(—SH),如谷胱甘肽(GSH)和植物螯合素(PCs),然而硒醇(—SeH)较硫醇拥有更为活跃的化学性质(Huang et al.,2017;Yu et al.,2017;Yadav,2010),如硒代半胱氨酸(SeCys)。根据上一节关于玉米吸收土壤硒与镉的研究结果,进一步利用强阴离子交换高效液相色谱-电感耦合等离子体质谱分析酶解后玉米根和叶中可溶性硒和镉化合物,提出玉米体内硒和镉的互作可能存在如下机制。

根到茎:硒和镉在茎内积累特征和迁移系数随土壤生物有效硒镉摩尔比值变化的趋势基本一致[图 4-8(b)、(f);图 4-9(b)、(f)],这表明茎作为一个运输组织,相较其他组织来说并不是主要发生硒镉互作的场所。

茎到叶:在叶片中,镉-硫醇络合物(如谷胱甘肽、植物螯合物以及镉-硒代氨基酸)主要储存在液泡中,可防止镉对组织细胞造成进一步的损害(Clemens,2006;Ernst et al.,2008)。此外,通过强阴离子交换高效液相色谱-电感耦合等离子质谱(SAX-HPLC-ICP-MS)分析叶中硒和镉形态,发现在土壤生物有效硒镉摩尔比较低的检测组中(Se∶Cd≤0.7),硒代胱氨酸(SeCysCysSe)出峰的保留时间内同时存在镉化合物出峰,这表明在该土壤生物有效硒镉摩尔比条件下可能存在硒代胱氨酸与镉绑定的化合物[图 4-14(c)]。但是,在土壤生物有效硒镉摩尔比较高的检测组中(Se∶Cd>0.7),却发现硒代蛋氨酸放生与镉绑定的化合物存在[图 4-14(d)]。

叶到籽粒:在玉米籽粒中,土壤生物有效硒镉摩尔比与硒和镉的积累特征以及迁移系数都没有明显相关性[图 4-8(d)、(h);图 4-9(d)、(h)]。这可能是由于它是一种能量储存和生殖组织,因此谷物中存在某种特殊的保护机制,而硒在其中发挥的作用并不明显。

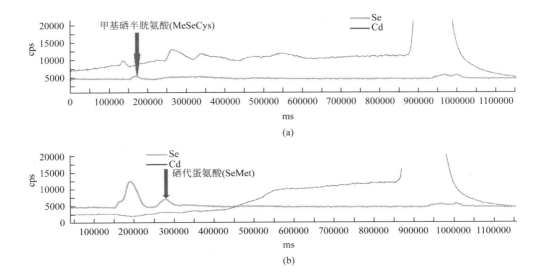

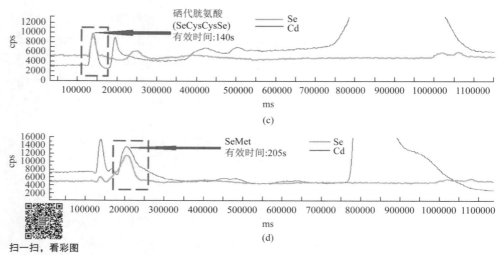

图 4-14 利用强阴离子交换高效液相色谱-电感耦合等离子体质谱（SAX-HPLC-ICP-MS）对蛋白酶XIV酶解后玉米根和叶中可溶性硒和镉化合物的分离色谱图

(a) 当土壤生物有效硒镉摩尔比为 Se：Cd≤0.7 时根系中硒化合物出峰（78Se, 111Cd）；(b) 当土壤生物有效硒镉摩尔比为 Se：Cd＞0.7 时根组织内硒化合物色谱图；(c) 当土壤生物有效硒镉摩尔比为 Se：Cd≤0.7 时叶组织中硒和镉色谱图；(d) 当土壤生物有效硒镉摩尔比为 Se：Cd＞0.7 时叶组织内硒镉化合物色谱图

综上，硒和镉从根部向茎部迁移的界面是硒镉互作过程中的关键界面，土壤-植物系统中硒与镉相互作用的可能存在的机制如图 4-15 所示。

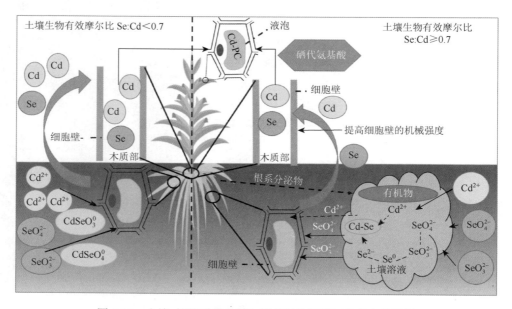

图 4-15 土壤-植物系统中硒与镉相互作用的可能存在的机制

4.5 作物富硒降镉调控

4.5.1 土壤调理对作物富硒降镉的影响

1. 土壤调理对稻田活硒降镉的影响

选取广西和恩施典型硒与重金属伴生农田土壤,通过水稻盆栽试验,添加土壤调理剂[1%稻壳生物炭(C)、0.2%硅酸钾(K)和1%复合贝壳粉(F)],研究淹水条件下,施用土壤调理剂对植物富硒降镉的效果和机制。试验取水稻分蘖期样品测定分蘖期水稻鲜重、干重、株高、根长、叶片叶绿素含量、光合作用参数、抗氧化系统指标、水稻硒和重金属含量、盆栽土壤 pH 和电导率、土壤硒和重金属的有效态含量、水稻氮磷钾含量及积累量等,明确试验中的土壤调理剂对水稻富硒降镉的效果,为富硒稻田的安全利用提供理论依据和实践指导。

1) 添加调理剂对水稻生物量的影响

添加不同土壤调理剂对两种土壤分蘖期水稻地上部和地下部生物量的影响如图 4-16 所示。对于恩施土水稻,3 种土壤调理剂均可显著增加水稻生物量。与对照相比,添加 3 种土壤调理剂后,水稻地上部鲜重和干重分别增加 26.08%～33.25% 和 28.10%～34.66%,添加 1%C 处理增加最多。水稻地下部鲜重和干重分别增加

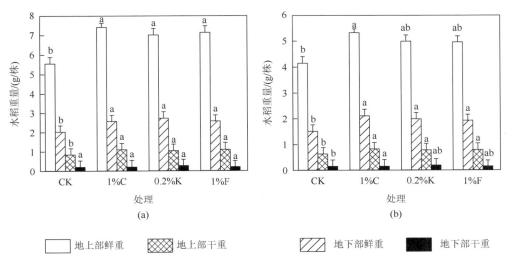

图 4-16 添加三种土壤调理剂对恩施土(a)和广西土(b)分蘖期水稻地上部和地下部生物量的影响

27.00%~34.21%和18.21%~33.73%。对于广西土水稻，添加3种土壤调理剂后，水稻生物量均增加，添加1%C处理增加最为显著。与对照相比，水稻地上部鲜重和干重分别增加18.07%~27.18%和25.86%~31.09%；水稻地下部鲜重和干重分别增加27.00%~34.21%和11.45%~19.08%。

2）土壤调理剂对水稻吸收累积镉与硒的影响

施用三种土壤调理剂后，两种土壤分蘖期水稻地上部和地下部镉含量的变化如图4-17所示。对于恩施土壤，与对照相比，添加三种土壤调理剂均可显著降低水稻地上部和地下部镉含量。添加0.2%K处理后，水稻地上部和地下部镉含量分别降低了0.19 mg/kg、1.29 mg/kg，降低效果最显著，降低比例分别为86.33%、86.23%。添加1%F、1%C处理分别降低水稻地上部和地下部镉含量64.22%和54.53%、35.57%和46.48%。对于广西土壤，三种土壤调理剂都降低了水稻地上部镉含量，且都达到了显著性水平，降低比例为25.06%~40.57%，添加1%F处理显著降低了水稻地下部镉含量23.59%，添加1%C和0.2%K处理对水稻地下部镉含量的影响不显著。

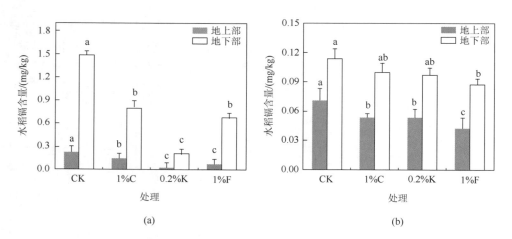

图4-17 添加不同土壤调理剂对恩施土（a）和广西土（b）分蘖期水稻地上部和地下部镉含量的影响

三种土壤调理剂对两种水稻地上部和地下部硒含量的影响如图4-18所示。本试验条件下，施用调理剂有提高水稻硒含量的趋势。对于恩施水稻，与对照相比，添加1%F、1%C处理提高了水稻地上部硒含量，且都达到了显著性水平，提高比例分别为41.40%、31.52%。三种土壤调理剂对水稻地下部硒含量的影响均不显著。对于广西水稻，相较于CK，添加1%F、1%C处理后，水稻地上部硒含量分别增加了23.65%、14.44%，但均没有达到显著性水平。

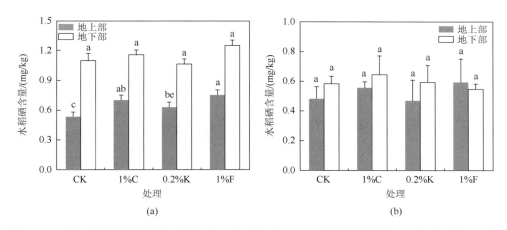

图 4-18 添加不同土壤调理剂对恩施土（a）和广西土（b）分蘖期水稻地上部和地下部硒含量的影响

3）不同粒径贝壳粉对稻田土壤硒镉的影响

鉴于贝壳粉在土壤活硒降镉上有显著效果，为明确不同粒径贝壳粉对土壤镉、硒有效性及水稻吸收累积镉与硒的影响差异。通过田间试验，设置等量不同粒径贝壳粉施用处理，测定水稻植株各部位镉和硒含量，结合土壤 pH、土壤有效镉和有效硒及价态含量，对比分析不同粒径贝壳粉对水稻吸收累积镉和硒的影响。

结果表明：施用不同粒径贝壳粉可显著提高稻田土壤 pH，且添加贝壳粉的粒径越小，效果越显著，其中粒径最大的 BK10 处理土壤 pH 上升 0.4 个单位，粒径最小的 BK200 处理土壤 pH 上升 0.8 个单位（图 4-19）。

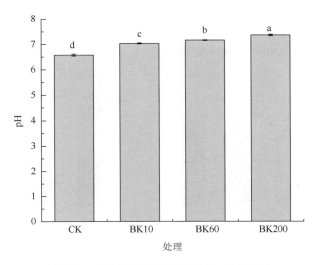

图 4-19 不同粒径贝壳粉对土壤 pH 的影响

添加不同粒径贝壳粉后,土壤中有效镉与有效硒含量呈现出相反的变化趋势(图 4-20)。BK10、BK60、BK200 处理的土壤有效镉含量均有不同程度降低,分别比对照降低 8.68%、10.84% 和 17.50%;而磷酸二氢钾溶液浸提的土壤有效硒含量分别提高 56.39%、70.48% 和 84.19%,但有效硒含量处理间差异并不显著。土壤有效硒一般主要包括可溶态和交换态,进一步测定分析各处理可溶态硒和交换态硒中的不同价态硒(图 4-21)发现,可溶态硒中的 +4 价占比较大,而 –2 价与 +6 价占比相当。与对照相比,添加贝壳粉土壤可溶态硒中的 +4 价和 +6 价硒含量占比总和有所升高,但升高不明显,而在交换态硒中,粒径 60 目和 200 目贝壳粉处理的 +4 价和 +6 价硒含量占比均有所升高,且 +6 价占比较高。可见,贝壳粉处理对土壤有效硒的影响以交换态硒为主,并推断交换态中的硒价态变化主要是亚硒酸盐向硒酸盐转化。

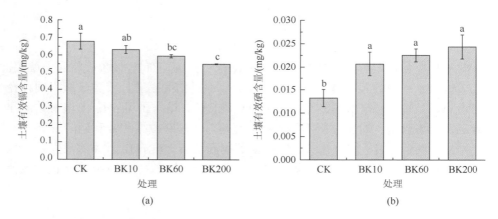

图 4-20　不同处理对土壤有效镉含量(a)和有效硒含量(b)的影响

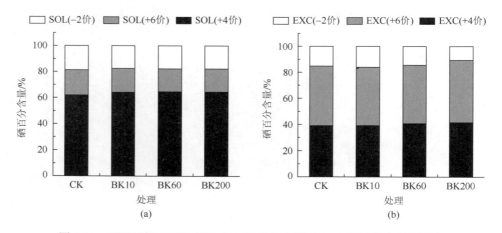

图 4-21　不同处理对可溶态硒(a)和交换态硒(b)中不同价态硒的影响

水稻对土壤中的镉有较强的富集能力,图 4-22 显示,对照处理水稻的糙米、稻壳、秸秆和根镉含量分别达到 0.234 mg/kg、0.499 mg/kg、0.731 mg/kg、3.606 mg/kg。施加不同粒径贝壳粉不同程度降低了水稻对镉的累积吸收,各组织镉含量基本表现为:根＞秸秆＞稻壳＞糙米,除水稻根以外,其他部位镉累积含量随贝壳粉粒径减小而降低。其中,贝壳粉粒径最小的 BK200 处理水稻根部、秸秆、稻壳和糙米镉累积含量分别比对照降低 39.76%、25.28%、62.80%和 49.02%。39.75%、25.30%、62.76%和 50.71%。各处理中,并且 BK60 和 BK200 的糙米镉含量分别下降至 0.16 mg/kg 和 0.12 mg/kg,均符合《食品安全国家标准 食品中污染物限量》(GB 2762—2022)中大米镉限量值为 0.2 mg/kg 的要求。与镉类似,主要集中在水稻根部硒含量最高,籽粒中的硒含量相对较少。添加贝壳粉处理对

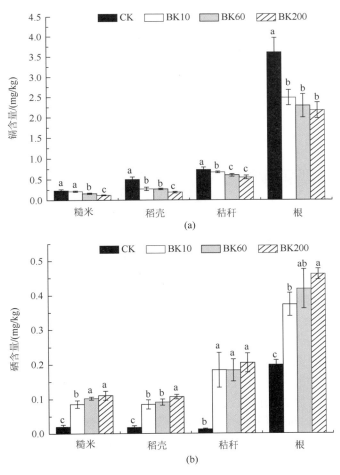

图 4-22 不同处理下水稻糙米、稻壳、秸秆和根系中的镉(a)、硒(b)含量

水稻累积吸收硒的影响与镉相反，与对照相比，施用贝壳粉显著提高了水稻各部位硒含量，且糙米和稻壳硒含量随贝壳粉粒径减小而增加，BK10、BK60、BK200处理糙米硒含量分别达到 0.086 mg/kg、0.103 mg/kg、0.111 mg/kg，分别是对照的 4.31 倍、5.17 倍、5.58 倍。水稻根和秸秆中的硒含量虽然分别是对照的 1.8~2.5 倍和 14~16 倍，但在处理间只有 BK10 与 BK200 达到显著差异水平。不同粒径贝壳粉处理间差异并不显著。

进一步分析水稻各部位镉和硒含量的相关性发现（表 4-17），糙米中的镉含量与水稻各部位镉含量呈极显著的正相关（$p<0.01$），与硒含量呈显著负相关。其中，糙米和稻壳中的镉与硒相关性较高，而秸秆中镉和硒的相关性相对较弱。

表 4-17　不同处理下水稻糙米、稻壳、秸秆、根部镉与硒含量的相关性

	糙米镉	稻壳镉	秸秆镉	根镉	糙米硒	稻壳硒	秸秆硒	根硒
糙米镉	1	0.728**	0.863**	0.784**	−0.759**	−0.782**	−0.663*	−0.733*
稻壳镉		1	0.811**	0.899**	−0.914**	−0.914**	−0.861**	−0.883**
秸秆镉			1	0.839**	−0.743*	−0.744*	−0.578*	−0.744*
根镉				1	−0.829**	−0.909**	−0.847**	−0.782*
糙米硒					1	0.931**	0.857**	0.928**
稻壳硒						1	0.933**	0.877**
秸秆硒							1	0.850**
根硒								1

*和**分别表示 $p<0.05$ 和 $p<0.01$ 显著水平。

综上，施用贝壳粉可显著提高稻田土壤 pH，降低土壤有效镉含量的同时，提高土壤有效硒含量。土壤有效硒中以交换态硒为主，贝壳粉粒径越小，更利于交换态硒向 +6 价硒转化。可有效减少水稻各组织对镉的吸收，并促进硒的累积。贝壳粉粒径越小，其降镉富硒效应越明显，可使糙米镉含量降低 9.62%~49.02%，硒含量提高 4.31~5.58 倍。粒径在 60 目以上的贝壳粉处理可使糙米镉含量符合《食品安全国家标准　食品中污染物限量》（GB 2762—2022）的要求。通过试验结果得出，贝壳粉作为一种降镉富硒调理剂用于硒镉伴生稻田修复及稻米提质增效具有一定的可行性，兼顾贝壳粉成本及其修复效果，可选用粒径小于 60 目的贝壳粉。

4）稻田土壤外源硒输入安全阈值

外源施硒可作为水稻镉吸收的调控途径，为确保稻米安全及避免硒资源浪费，对外源硒安全阈值开展研究。通过水稻盆栽试验，外源添加不同用量亚硒酸钠与基本底肥一同施入土壤，土壤不同硒水平分别为 0.5 mg Se/kg、1.25 mg Se/kg、2.5 mg Se/kg、5.0 mg Se/kg、10.0 mg Se/kg、20.0 mg Se/kg，并以不添加亚硒酸钠作为对照处理。于水稻成熟期测定糙米硒含量。结果显示，在 10~20 mg/kg 高硒

处理条件下,糙米中出现了无机硒,主要为 Se(Ⅳ)和 Se(Ⅵ),预示可能对人体健康产生危害。0.5~5 mg/kg 土壤硒添加量可作为富硒水稻生产的安全剂量。

2. 土壤调理剂对旱地作物富硒降镉的效果

选用稻壳生物炭、硅酸钾、复合贝壳粉作为土壤调理剂,以小白菜为研究对象,以广西和恩施典型富硒土壤开展盆栽试验,研究旱地条件下,土壤调理剂对作物富硒降镉的影响效果。试验共设计 4 个处理,处理 1 中不添加土壤调理剂,记为空白对照 CK;处理 2 中添加 1%的稻壳生物炭,记为 1%C;处理 3 中添加 0.2%的硅酸钾,记为 0.2%K;处理 4 中添加 1%的复合贝壳粉,记为 1%F。按处理将土壤调理剂和基肥与土壤分别混合均匀,保持 80%最大田间持水量(注意及时补充水分),室温放置,稳定两周后播种。按照常规管理,成熟期收获白菜测定相关指标。

1) 土壤调理剂对小白菜生物量的影响

添加不同土壤调理剂后,小白菜的长势如图 4-23 所示。左侧为恩施土壤小白菜,右侧为广西土壤小白菜。总体来看,恩施土小白菜的长势优于广西土小白菜。与对照相比,添加 3 种土壤调理剂后,恩施土壤和广西土壤小白菜的长势均得到明显改善,稻壳生物炭效果最佳。

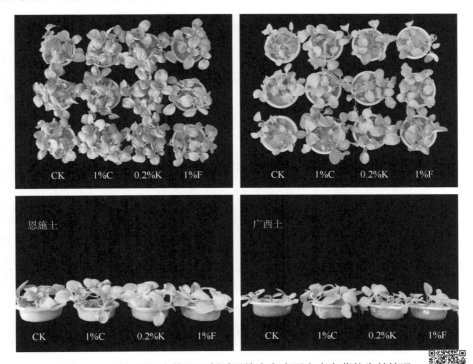

图 4-23 添加不同土壤调理剂后恩施土和广西土小白菜的生长情况

扫一扫,看彩图

进一步分析三种土壤调理剂对两种土壤小白菜生物量的影响发现（图4-24），对于恩施小白菜，添加 1%C、0.2%K 处理可分别显著增加小白菜地上部干重 20.57%、20.46%。对于广西土壤，相较于 CK，三种土壤调理剂均可显著提高小白菜地上部鲜重和干重，提高比例分别为 172.84%~214.17%、144.88%~188.09%。

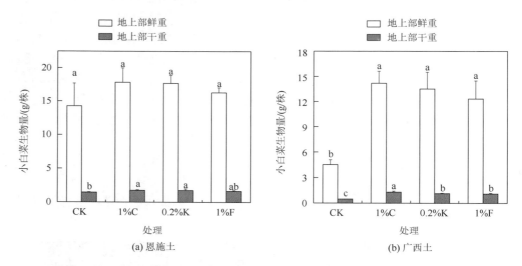

图 4-24　添加三种土壤调理剂对恩施土和广西土小白菜地上部生物量的影响

2）土壤调理剂对小白菜富硒降镉的影响

施用三种土壤调理剂后，两种土壤小白菜地上部镉含量的变化如图 4-25 所示。结果表明，添加三种土壤调理剂均可降低小白菜地上部镉含量，且都达到了显著性水平，复合贝壳粉降镉效果最好。添加 1%F 处理后，恩施小白菜和广西小白菜地上部镉含量分别降低了 3.44 mg/kg、0.54 mg/kg，降低效果最显著，降低比例分别为 58.82%、81.87%；添加 0.2%K 处理分别显著降低恩施小白菜和广西小白菜地上部镉含量 34.34%、37.23%；添加 1%C 处理分别显著降低恩施小白菜和广西小白菜地上部镉含量 31.74%、32.78%。

三种土壤调理剂对两种土壤小白菜地上部硒含量的影响如图 4-26 所示。结果表明，施用三种土壤调理剂均可提高小白菜地上部硒含量，且都达到了显著性水平，复合贝壳粉富硒效果最好。添加 1%F 处理分别显著增加恩施小白菜和广西小白菜地上部硒含量 102.05%、39.90%；添加 0.2%K 处理分别显著增加恩施小白菜和广西小白菜地上部硒含量 64.07%、38.06%；添加 1%C 处理分别显著增加恩施小白菜和广西小白菜地上部硒含量 61.65%、38.77%。结果说明，三种土壤调理剂均可以促进小白菜的生长，且对小白菜均具有富硒降镉的效果，其中以复合贝壳粉的效果最好。

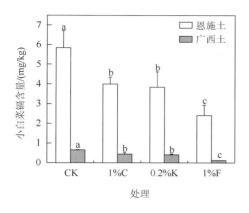

图 4-25　添加三种土壤调理剂对恩施土和广西土小白菜地上部镉含量的影响

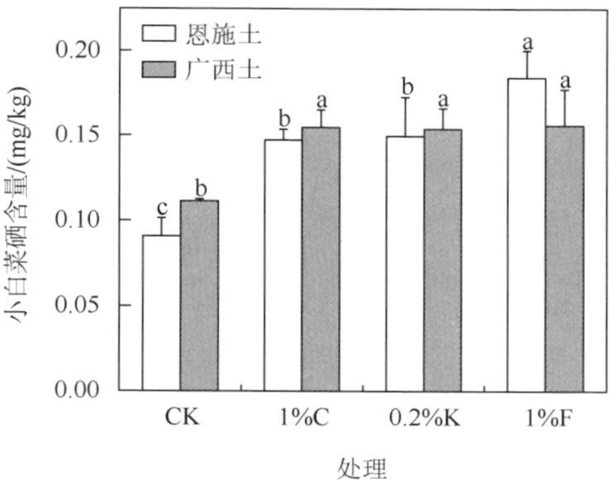

图 4-26　添加三种土壤调理剂对恩施土和广西土小白菜地上部硒含量的影响

4.5.2　叶面硒素强化对作物富硒降镉的影响

前期研究已表明，叶面喷施适量外源硒和硅可降低水稻对重金属镉的吸收。为进一步明确硒镉伴生稻田中，叶面强化措施对水稻富硒降镉的影响，通过大田试验，研究不同硒水平、不同硒硅比的叶面强化以及品种差异对水稻吸收累积硒与镉的影响差异。试验田土壤基本理化性质为 pH 6.53，阳离子交换量 22.3 cmol/kg，有机质 69.5 g/kg，镉 1.12 mg/kg，硒 0.41 mg/kg。以氨基酸螯合硒营养液（含硒 0.22%）和活性硅营养液（含硅 0.2%）作为叶面强化剂。

1）不同硒水平对水稻富硒降镉的影响

试验设置 9 个处理，分别如下：①孕穗期喷施氨基酸螯合硒营养液 100 mL/亩（Se100）；②孕穗期喷施氨基酸螯合硒营养液 200 mL/亩（Se200）；③孕穗期喷施氨基酸螯合硒营养液 300 mL/亩（Se300）；④孕穗期喷施氨基酸螯合硒营养液 400 mL/亩（Se400）；⑤孕穗期喷施氨基酸螯合硒营养液 600 mL/亩（Se600）；⑥孕穗期喷施氨基酸螯合硒营养液 800 mL/亩（Se800）；⑦分别于孕穗期和灌浆初期喷施氨基酸螯合硒各营养液 100 mL/亩[Se(100＋100)]；⑧分别于孕穗期和灌浆初期喷施氨基酸螯合硒各营养液 200 mL/亩[Se(200＋200)]；⑨对照组（CK）。其他生产过程按常规种植管理。于水稻成熟期测定水稻糙米硒和镉含量。结果显示（图 4-27），随着硒水平的提高，稻米降镉效果越明显，且氨基酸螯合硒营养液施用量在 400~600 mL 时，稻米富硒降镉效果最佳，兼顾广西富硒农产品硒含量要求及生产成本，以施用该氨基酸螯合硒营养液 400 mL/亩为宜，稻米硒含量达标的同时，镉含量降低 46.79%。

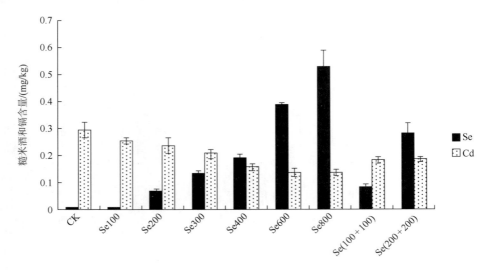

图 4-27 不同硒水平下水稻糙米硒和镉含量

2) 品种差异对水稻富硒降镉的影响

在前述研究基础上,在不同水稻品种上于孕穗期喷施 400 mL/亩氨基酸螯合硒营养液,对比品种差异对水稻富硒降镉的影响。试验选用三类水稻,包括糯稻('香糯'和'黑糯')、常规稻('桂野丰'和'桂禾丰')、杂交稻('那香优 9668'和'那香优 9559')。结果表明(图 4-28),叶面硒素强化对三类水稻镉吸收的影响存在差异。常规稻'桂野丰'和杂交稻稻米镉含量比对照降低 46.4%～83.3%,糯稻和常规稻'桂禾丰'出现硒镉协同效应,稻米镉含量提高超 20%。可见,杂交稻更适用于通过叶面硒素强化来实现稻米富硒降镉。

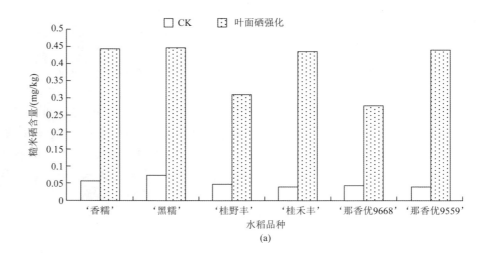

(a)

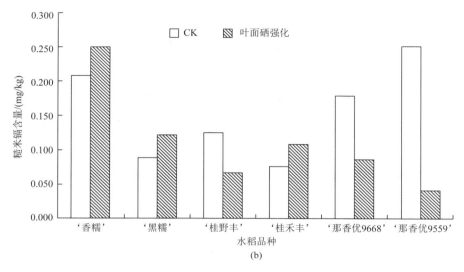

图 4-28 叶面硒素强化下不同水稻品种糙米硒（a）和镉（b）含量

3）不同硒硅比对水稻富硒降镉的影响

水稻属于喜硅作物，已有研究表明，硅在一定程度上可抑制水稻对镉的吸收。为寻求最佳的富硒降镉调控模式，探讨硒硅对水稻的共同效应，以上章节的 400 mL/亩的氨基酸螯合硒营养液用量为基准，设置硒硅比为 1∶0、1∶1、1∶2.5、1∶5、1∶10 及对照，并于水稻孕穗期喷施。成熟期，测定水稻糙米硒和镉含量。结果表明（图 4-29），不同硒硅比对水稻硒的吸收影响差异不显著，但随着硅的用量增大，硒硅比降低，稻米镉含量降低。其中以硒硅比为 1∶2.5 的降镉效果最佳，稻米镉含量相对于对照降低 56.09%，硒含量提高 1.74 倍。

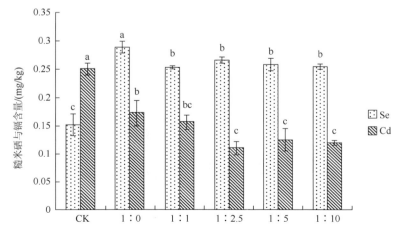

图 4-29 不同硒硅比对水稻糙米硒和镉含量的影响

4.5.3 土壤调理+叶面强化对作物富硒降镉的影响

1. 土壤调理+叶面强化对水稻富硒降镉的影响

选取典型硒镉伴生稻田，采用叶面调控技术、土壤钝化技术及叶面调控+土壤钝化相结合，基肥施用土壤钝化剂和追肥喷施叶面调控剂，A 表示基肥施用富硒高钙精制有机肥 250 kg/亩，B 表示基肥施用贝壳粉 150 kg/亩，Se 400 表示喷施氨基酸螯合态生物纳米硒营养液 400 mL/亩，Si 500、Si 1000 分别表示叶面喷施活性硅 500 mL/亩和 1000 mL/亩。

1）叶面强化与土壤钝化对稻田土壤有效镉的影响

水稻成熟期时，采集各处理的耕层土壤，测定土壤有效镉和有效硒含量。从图 4-30 中显示，施用 A 和 B 处理均显著降低了土壤有效镉含量，叶面喷施硒与硅对土壤有效镉的影响不明显。其中，以施用 A 的钝化效果最佳，土壤有效镉降低 38.4%~46.9%，其次是施用 B 的处理，土壤有效镉降低 13.9%~20.0%。对于土壤有效硒，图 4-31 显示，施用富硒高钙精制有机肥处理在一定程度上，提高了土壤有

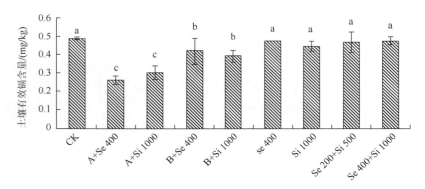

图 4-30 不同处理对土壤有效镉的影响

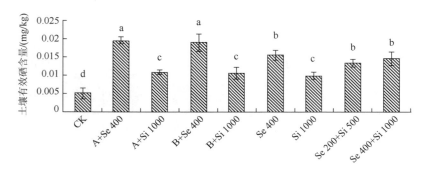

图 4-31 不同处理对土壤有效硒的影响

效硒含量，原因可能是富硒高钙精制有机肥本身含有硒，且为碱性肥料，提高了土壤 pH，稻田土壤中的硒得到活化，因此有效性硒得到提高。叶面喷施硒肥很明显提高了土壤有效硒含量，原因可能是喷施在水稻叶面的生物纳米硒肥一部分被水稻叶面吸收，还有一部分顺着叶片流到土壤里，引起有效硒含量增高。

2）叶面强化与土壤钝化对水稻地下部吸收累积硒与镉的影响

不同处理水稻地下部硒和镉含量分别如图 4-32 和图 4-33 所示，除 Si 1000 处理外，其他处理的水稻地下部硒含量均显著高于对照，可见，单纯喷施硅对水稻地下部硒的累积无明显影响，而外源叶面喷施硒或是基肥施用富硒高钙精制有机肥作为土壤镉钝化剂，均促进水稻地下部的硒累积，但施用有机肥和贝壳粉的差异并不显著，可能是水稻地下部累积硒的能力有一定的局限性。水稻地下部累积镉的特征与硒的相反，各处理的水稻地下部镉含量均显著低于对照，并且以施用富硒高钙有机肥配施硒或硅的效果最佳，由此推测，施用有机肥作为钝化剂可降低土壤镉的活性，减少镉与硒的竞争吸收，同时碱性钝化剂提高土

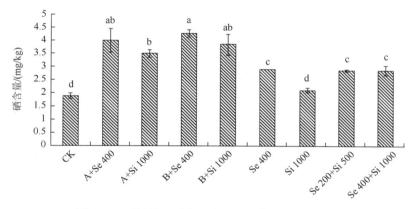

图 4-32 不同处理对水稻地下部吸收累积硒的影响

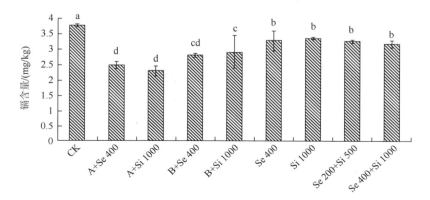

图 4-33 不同处理对水稻地下部吸收累积镉的影响

壤 pH，活化了土壤硒，有利于水稻地下部对镉的抑制和对硒的吸收。叶面喷施硒与硅，有可能只是影响茎叶和籽粒对镉与硒的累积，并未向下运输影响地下部吸收。

3）叶面强化与土壤钝化对水稻茎叶吸收累积硒与镉的影响

如图 4-34 和图 4-35 所示，土壤镉钝化或叶面喷施硒、硅均抑制了水稻茎叶对镉的吸收累积，其中土壤钝化效果最佳，原因可能是有机肥和贝壳粉均降低了土壤镉活性，水稻吸收转移到地上部的镉含量降低，而叶面喷施硒与硅对茎叶累积镉的抑制作用较小。与镉相反，水稻茎叶硒含量增加主要是外源硒引起的，外源硅对硒累积的作用较小，且茎叶硒含量随着硒用量增大而增加，由此推测，水稻叶面营养强化控制镉与硒从茎叶转移到籽粒的这一过程。

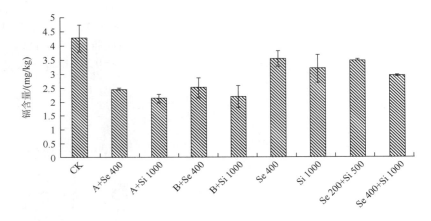

图 4-34　不同处理对水稻茎叶累积镉的影响

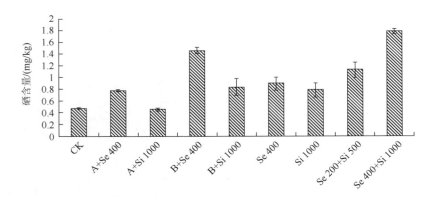

图 4-35　不同处理对水稻茎叶累积硒的影响

4）叶面强化与土壤钝化对水稻籽粒吸收累积硒与镉的影响

对比图 4-36 和图 4-37，无论是土壤钝化措施还是叶面调控措施，均有效降低了水稻糙米中镉的累积量,且叶面喷施氨基酸螯合硒营养液基础上配施活性硅可进一步促进硒向籽粒中迁移。叶面调控与土壤钝化相结合的阻控效果优于单纯的叶面喷施阻控,并以土施富硒高钙精制有机肥和叶面喷施 400 mL/亩氨基酸螯合硒营养液的处理效果最佳,与对照相比,硒含量提高 4.8 倍,镉含量降低 85.57%,稻米硒含量既符合富硒农产品硒含量要求,镉含量也符合食品安全标准要求。

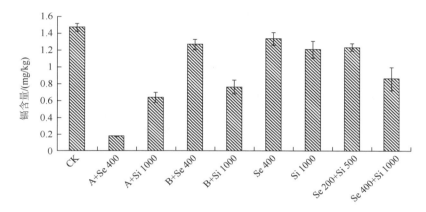

图 4-36　不同处理对水稻糙米累积镉的影响

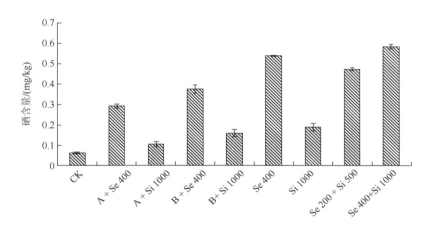

图 4-37　不同处理对水稻糙米累积硒的影响

2. "土壤+叶面"硒素强化对罗汉果富硒降镉的影响

罗汉果是广西特色中药材和茶饮原料,主产区位于桂林市永福、临桂、龙胜等地,总产量约占全国 95%以上。且桂林永福等地是典型天然富硒区,具有发展富硒罗汉果的区位优势。为确保富硒罗汉果的安全生产,采用"土壤+叶面"硒素强化对罗汉果富硒降镉的效果及品质开展了相关研究(图 4-38~图 4-40)。通过大田试验,设置 6 个处理,分别为:①基施 G:60g 亚硒酸钠/亩壮果肥;②基施+叶施 G+Y20:60 g 亚硒酸钠/亩壮果肥+叶面喷施 20 mg/L 亚硒酸钠一次;③叶施 Y40+40:分别于当年 7 月 20 日和 8 月 20 日各叶面喷施 40 mg/L 亚硒酸钠一次;④叶施 Y20+20:分别于当年 7 月 20 日和 8 月 20 日各叶面喷施 20 mg/L 亚硒酸钠一次;⑤叶施 Y40:于当年 7 月 20 日叶面喷施 40 mg/L 亚硒酸钠一次;⑥对照组 CK。于成熟期测定罗汉果硒含量和镉含量,并测定丙二醛(MDA)含量及其他营养指标。结果显示,叶施的富硒效果比根施的效果好,且喷施两次的效果比只喷施一次的效果好。随着外源硒的增加,硒首先富集在籽粒中,后出现

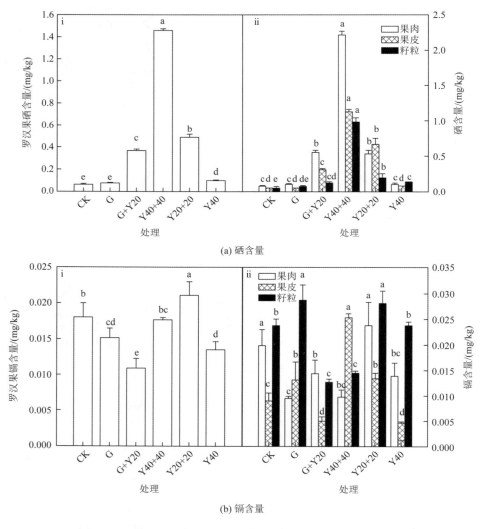

图 4-38 不同处理对罗汉果硒和镉含量的影响(高菲,2018)

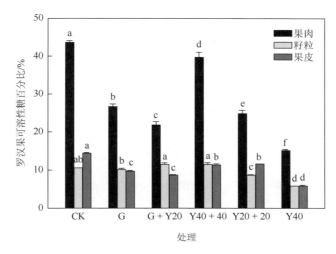

图 4-39 不同处理对罗汉果果肉、籽粒及果皮中可溶性糖百分比含量的影响（高菲，2018）

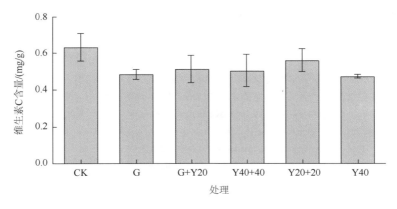

图 4-40 不同处理对罗汉果果肉中 Vc 含量的影响（高菲，2018）

在果肉中；其中基施 1 g/棵树的亚硒酸钠 + 叶面喷施 20 mg/L 亚硒酸钠处理的罗汉果三部分富硒降镉效果最佳。同时，通过营养指标测定发现，硒素强化可提高罗汉果营养品质和抗氧化能力。可溶性糖主要在罗汉果果肉中，果皮和籽粒中的含量较少。随着叶面喷施浓度和叶面喷施次数的增加，果肉中的可溶性糖含量逐渐增加。各硒处理组的果肉中的维生素 C（Vc）含量均低于空白组。

4.5.4 土壤调理剂与叶面强化剂研发

通过积极搭建产学研协同创新平台，在前期研究基础上，根据不同作物的硒素吸收利用特征，研发叶面强化剂与土壤调理剂等功能性有机肥产品。分别与广西聚缘农业有限公司、桂林桂株生物科技有限公司、南宁市博发科技有限公司、北海立地肥业有限公司、深圳市芭田生态工程股份有限公司、普瑞丰科技（武汉）有限公司等多家企业开发了"聚福硒""阻镉灵""氨基酸螯合态生物纳米硒营养液""猛降镉"等叶面强化剂和"富硒高钙型生物有机肥""土康灵"等土壤调理剂（附图），并建立了肥料中试生产线，取得了良好的经济效益，推动广西生态高值功能农业高质量发展，助力乡村振兴。

参 考 文 献

迟清华, 鄢明才. 2007. 应用地球化学元素丰度数据手册[M]. 北京：地质出版社.

高阿祥, 周鑫斌, 张城铭. 2017. 硒（Ⅳ）预处理下根表铁膜对水稻幼苗吸收和转运汞的影响[J]. 土壤学报, 54（4）：10.

高菲. 2018. 外源硒对几种瓜果硒和镉累积及营养品质的影响[D]. 武汉：华中农业大学.

黄青青, 杜威, 王琪, 等. 2013. 水稻对不同土壤中硒酸盐/亚硒酸盐的吸收和富集[J]. 环境科学学报, 33（5）：1423-1429.

廖敏, 黄昌勇, 谢正苗. 1999. pH 对镉在土水系统中的迁移和形态的影响[J]. 环境科学学报, 19（1）：81-86.

孙承兴, 王世杰, 刘秀明, 等. 2002. 碳酸盐岩风化壳岩-土界面地球化学特征及其形成过程——以贵州花溪灰岩风化壳剖面为例[J]. 矿物学报, 22（2）：126-132.

王世杰, 季宏兵, 欧阳自远, 等. 1999. 碳酸盐岩风化成土作用的初步研究[J]. 中国科学（D 辑）, 29（5）：441-449.

王松山. 2012. 土壤中硒形态和价态及生物有效性研究[D]. 咸阳：西北农林科技大学.

于淑慧, 周鑫斌, 王文华, 等. 2013. 硒对水稻幼苗吸收镉的影响[J]. 西南大学学报：自然科学版, (9)：6.

Acosta J A, Martínez-Martínez S, Faz A, et al. 2001. Accumulations of major and trace elements in particle size fractions of soils on eight different parent materials[J]. Geoderma, 161（1）：30-42.

Alloway B J. 2010. Heavy Metals in Soils[M]. London：Blackie Academic & Professional.

Ballesta R, Bueno P, Rubí J, et al. 1995. Pedo-geochemical baseline content levels and soil quality reference values of trace elements in soils from the Mediterranean (Castilla La Mancha, Spain)[J]. Open Geosciences, 2（4）：441-454.

Boluda R. 1988. Relaciones estadísticas de los valores de metales pesados（Cd, Co, Cu, Cr, Ni, Pb y Zn）con el pH, contenido en materia orgánica, carbonatos totales y arcillade los suelos de la comarca La Plana de Requena-Utiel（Valencia）[J]. Anales de Edafología y Agrobiología, 47（2）：1503-1524.

Chen M, Ma L Q, Harris W G. 1999. Baseline concentrations of 15 trace elements in Florida surface soils[J]. Journal of Environmental Quality, 28（4）：1173-1181.

Clemens S. 2006. Toxic metal accumulation, responses to exposure and mechanisms of tolerance in plants [J]. Biochimie, 88（11）：1707-1719.

Ernst W H O, Krauss G J, Verkleij J A C, et al. 2008. Interaction of heavy metals with the sulphur metabolism in angiosperms from an ecological point of view [J]. Plant Cell and Environment, 31（1）：123-143.

Huang B, Xin J, Dai H, et al. 2017. Effects of interaction between cadmium（Cd）and selenium（Se）on grain yield and cd and se accumulation in a hybrid rice（*Oryza sativa*）system [J]. Journal of Agricultural and Food Chemistry, 65（43）：9537-9546.

Ji H B, Li C Y. 1998. Geochemistry of Jinman copper vein deposit West Yunnan province, China—Ⅱ. Fluid inclusion and stable isotope geochemical characteristics[J]. Chinese Journal of Geochemistry, 17：81-90.

Klassen R A. 1998. Geological factors affecting the distribution of trace metalsin glacial sediments of central Newfoundland [J]. Environmental Geology, 33 (2): 154-169.

Martinez C E, Motto H L. 2000. Solubility of lead, zinc and copper added to mineral soils[J]. Environmental Pollution, 107 (1): 153-158.

Pilon-Smits E A H, Hwang S B, Lytle C M, et al. 1999. Overexpression of ATP sulfurylase in Indian mustard leads to increased selenate uptake, reduction, and tolerance [J]. Plant Physiology, 119 (1): 123-132.

Ramos-Miras J J, Roca-Perez L, Guzmán-Palomino M, et al. 2011. Background levels and baseline values of available heavy metals in Mediterranean greenhouse soils (Spain) [J]. Journal of Geochemical Exploration, 110 (2): 186-192.

Salminen R, Tarvainen T. 1997. The problem of defining geochemical baselines: A case study of selected elements and geological materials in Finland[J]. Journal of Geochemical Exploration, 60 (1): 91-98.

Tack F M G, Verloo M G, Vanmechelen L, et al. 1997. Baseline concentration levels of trace elements as a function of clay and organic carbon contents in soils in Flanders (Belgium) [J]. Science of Total Environment, 201 (2): 113-123.

Tack F M G, Vanhaesebroeck T, Verloo M G, et al. 2005. Mercury baseline levels in Flemish soils (Belgium) [J]. Environmental Pollution, 134 (1): 173-179.

Tan J A, Huang Y J. 1991. Selenium in geo-ecosystem and its relations to endemic diseases in China[J]. Water, Air, and Soil Pollution, 57 (1): 59-68.

Van Assche F, Clijsters H. 1990. Effects of metal on enzyme activity in plants[J]. Plant Cell and Environment, 13 (3): 195-206.

Xia W P, Tang J A. 1990. Comparative studies of selenium contents in Chinese rocks[J]. Acta Scientiae Circumstantiae (China), 10: 125-132.

Yadav S K. 2010. Heavy metals toxicity in plants: An overview on the role of glutathione and phytochelatins in heavy metal stress tolerance of plants [J]. South African Journal of Botany, 76 (2): 167-179.

Yu Y, Wan Y, Wang Q, et al. 2017. Effect of humic acid-based amendments with foliar application of Zn and Se on Cd accumulation in tobacco [J]. Ecotoxicology and Environmental Safety, 138: 286-291.

Zhang X P, Deng W, Yang X M. 2002. The background concentrations of 13 soil trace elements and their relationships to parent materials and vegetation in Xizang (Tibet), China[J]. Journal of Asian Earth Sciences, 21 (2): 167-174.

Zhu Y G, Pilon-Smits E A H, Zhao F J, et al. 2009. Selenium in higher plants: Understanding mechanisms for biofortification and phytoremediation [J]. Trends in Plant Science, 14 (8): 436-442.

第 5 章 土壤硒与生态环境协同演变机制与反馈

以深入揭示土壤硒素在利用过程中的动态特征及土壤硒素变化与土壤生态环境的关系为目标,本章研究内容从土壤硒素动态变化对施肥管理模式、土地利用方式、水热梯度变化等因素的响应特征以及外源硒添加对土壤生物的影响等多个方面进行展开,获得了以下几方面的科学新认识。

5.1 土地利用方式变化对土壤硒及其有效性的影响

土地利用方式已被公认为是对元素生物地球化学循环产生深远影响的主要因素(Xiao et al., 2009)。土地利用变化在广西及全球其他区域均非常普遍,属于全球变化的一个重要方面,但以往针对土地利用变化的研究主要关注碳氮过程与植被组成和多样性的变化。作为一种重要的微量元素,硒对土地利用变化如何响应与土壤健康和可持续利用密切相关。因此,在逻辑上可以假设土壤硒的循环将通过土地利用变化而发生实质性改变。为了增强我们在未来土地利用变化中管理土壤硒资源并改善人体硒状况的能力,无疑需要更好地了解土地利用变化对土壤硒状况影响的方向和程度,及其影响因素和潜在的控制机制。项目组从桂西北喀斯特区退耕后演替过程中土壤硒及其有效性变化特征、喀斯特与非喀斯特地区造林对土壤硒及其有效性的影响、黔桂大样带喀斯特与非喀斯特地区土地利用变化对土壤硒及其有效性的影响三个角度开展了研究,结合土壤理化和气候因素分析了土地利用变化对硒及其有效性的影响机制。

5.1.1 喀斯特区退耕后演替过程中土壤硒及有效性变化特征

本章节研究是在中国西南广西壮族自治区西北部一个典型的喀斯特地区进行的,包括环江毛南族自治县和邻近的都安瑶族自治县($23°40'N \sim 25°25'N$,$107°35'E \sim 108°30'E$)。该地区的大部分土壤都发育于碳酸盐岩上。该研究区域属于亚热带季风气候,年平均气温为 $17.8 \sim 22.2$℃,年平均降水量为 $1346 \sim 1640$ mm。布点采样根据土地利用/土地覆被类型,选择包括频繁使用的耕地、草地、灌木丛和次生林。总共选择了 125 个地点,其中有 27 个农田,29 个草地,36 个灌木林和 33 个次生林。在每个样点上,建立一个 20 m^2 的采样区,并用不锈钢螺旋土钻(直径 5 cm)收集表层土壤样品($0 \sim 15$ cm)。

通过测定分析，所有样品的土壤总硒范围为 220～1820 μg/kg，算术平均值为 676（平均值±标准误）μg/kg；所有样品的磷酸盐可提取态硒范围为 1～257 μg/kg，算术平均值为（79±5）μg/kg。进一步统计分析发现，喀斯特区退耕后演替过程中土壤总硒和有效硒含量显著增加（图 5-1），其中次生林中土壤总硒浓度的平均值最高［（818±44）μg/kg］。与草地［（68±8）μg/kg］和农田［（55±8）μg/kg］相比，次生林［（105±10）μg/kg］中的平均磷酸盐可提取态硒浓度显著更高。磷酸盐可提取态硒与土壤总硒之间存在很强的线性关系（$p<0.001$）（图 5-2）。退耕后演替过程中土壤硒有效性（有效硒与总硒的比值）无显著变化（图 5-3）。

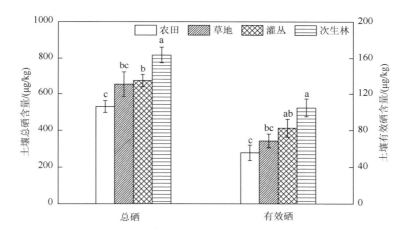

图 5-1　不同土地利用/覆被方式下土壤总硒与有效硒含量的变化特征

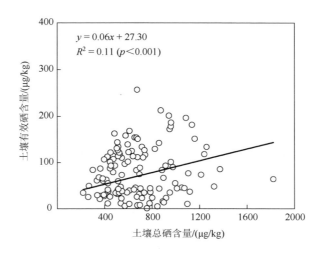

图 5-2　土壤磷酸盐可提取态硒和总硒的关系

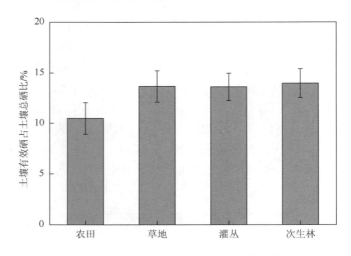

图 5-3 退耕后演替过程中土壤硒有效性变化特征

进一步通过野外配对采样方法，研究了石灰岩和碎屑岩区造林对土壤硒含量及其生物有效性的影响。共采集10组配对样品，每一对均包括农田和人工林。结果表明，两类岩性之间土壤总硒含量无显著差异；造林显著增加了土壤总硒含量。石灰岩地区造林对土壤有效态硒含量没有显著影响；而碎屑岩地区造林则显著增加土壤有效态硒含量。石灰岩区造林后土壤硒有效性显著降低，而碎屑岩区造林后土壤硒有效性显著增加。两类岩性地区土壤硒含量及有效性的主控因素明显不同，石灰岩和碎屑岩区土壤硒含量及生物有效性的关键控制因素分别是有机碳和pH。

同时发现土壤总硒与有效硒水平显著受有机碳及气候因素影响，土壤有机碳（SOC）是影响土壤总硒及有效硒水平的主控因素。土壤总硒与年平均降水量（MAP）、年平均温度（MAT）、土壤质量含水量（GWC）、土壤有机碳、碳氮比（C∶N）、总磷（TP）、pH、钙、镁、铁-铝氧化物（Fe-Al oxides）和沙粒含量呈正相关，而与有效磷呈负相关。同样，磷酸盐可提取态硒与土壤质量含水量、土壤有机碳、总磷、pH、钙、镁含量呈正相关，与有效磷呈负相关。此外，与土壤总硒不同的是，磷酸盐可提取态硒与铁-铝氧化物和沙粒含量不相关，但与年平均降水量，年平均温度和黏粒含量呈负相关（表5-1）。此外，磷酸盐可提取态硒占土壤总硒比值与土壤质量含水量、土壤有机碳、碳氮比、可交换性钙和粉粒含量呈正相关，与平均降水量、年平均温度、有效磷和黏土含量呈负相关。逐步多元线性回归分析进一步表明，土壤有机碳、年平均降水量和碳氮比是土壤总硒的最佳三个预测指标，解释了土壤总硒变化的55%（表5-2）。土壤有机碳、年平均降水量、土壤质量含水量和年均平均温度是磷酸盐可提取态硒的主要解释变量，解释了 65%的磷酸盐可提取态硒变化。此外，年平均降水量、年平均温度、土壤有机碳和海拔是磷酸盐可提取态硒占土壤总硒比例的主要解释变量，并解释了 57%的磷酸盐可提取态硒占土壤总硒比例变化。

表 5-1　土壤总硒、磷酸可提取态硒及两者比值与环境因子的相关性分析

高硒	Se_{total}	$Se_{phosphate}$	$Se_{phosphate}/Se_{total}$
MAP	0.32**	−0.55**	−0.70**
MAT	0.24**	−0.51**	−0.63**
GWC	0.39**	0.56**	0.31**
SOC	0.53**	0.67**	0.35**
C∶N	0.52**	0.46**	0.23**
pH	0.34**	0.26**	0.10
TP	0.37**	0.27**	0.03
AP	−0.26**	−0.25**	−0.19*
Ca	0.38**	0.45**	0.19*
Mg	0.29**	0.24**	0.10
Fe-Al oxides	0.29*	0.12	−0.03
Silt	−0.15	0.17	0.25**
Clay	−0.08	−0.29**	−0.25*
Sand	0.40**	0.16	−0.06

注：Se_{total} 表示总硒；$Se_{phosphate}$ 表示磷酸可提取态硒；$Se_{phosphate}/Se_{total}$ 表示磷酸可提取态硒占土壤总硒比；AP 为高氯酸铵；Silt 为粉砂（二氧化钛）；Clay 为黏土（硅铝酸盐）；Sand 为砂石（二氧化硅），下同。

* 相关性在 $p<0.05$ 水平上显著，**相关性在 $p<0.01$ 水平上显著。

表 5-2　土壤总硒、磷酸可提取态硒及两者比值与环境因子的逐步回归分析结果

土壤总硒				土壤有效硒				有效硒占土壤总硒比			
解释变量	系数	R^2	p 值	解释变量	系数	R^2	p 值	解释变量	系数	R^2	p 值
SOC	0.48	0.31	0.000	SOC	0.46	0.46	0.000	MAP	−0.45	0.49	0.000
MAP	0.46	0.52	0.000	MAP	−0.30	0.62	0.000	MAT	−0.54	0.54	0.001
C∶N	0.25	0.55	0.009	GWC	0.18	0.64	0.020	SOC	0.15	0.56	0.016
				MAT	−0.15	0.65	0.048	Elevation	−0.28	0.57	0.036

注：Elevation 表示海拔。

5.1.2 不同岩性地区土地利用变化对土壤硒及其有效性的影响

依照岩性（碳酸盐岩和碎屑岩）和土地利用方式（农田、灌丛、人工林、次生林），在黔桂地区由北往南 8 个县采集土壤样品，分别是贵州的金沙县、开阳县、水城区、都匀市和广西的环江毛南族自治县、都安瑶族自治县、马山县、龙州县。分析结果表明，喀斯特与非喀斯特地区土壤总硒和有效硒含量总体上没有显著差异（图 5-4）。从土地利用方式上看，次生林土壤总硒和有效硒含量显著高于其他类型（图 5-5）。在非喀斯特地区，次生林和农田土壤总硒与有效硒含量无显著差

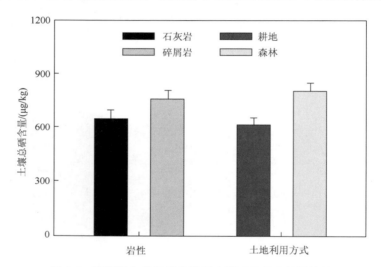

图 5-4　喀斯特与非喀斯特地区土壤硒及其有效性比较

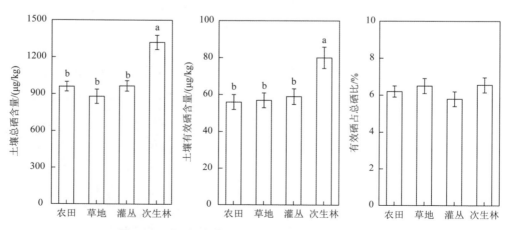

图 5-5　不同土地利用方式下土壤硒及其有效性比较

异（图 5-6），而在喀斯特地区，次生林土壤总硒与有效硒含量显著高于农田及其他类型（图 5-7）。进一步通过回归分析发现，喀斯特与非喀斯特地区土壤硒含量的主控因素均为土壤有机碳、气候因素与钙水平显著影响有效硒及其在总硒中的比例，除有机碳外，非喀斯特地区土壤有效硒水平还受年均降水量的影响，而喀斯特地区则受年均温影响（表 5-3）。土壤总硒的主控因素为 SOC，农田总硒含量还受 MAP 显著影响；气候因素显著影响土壤有效硒含量（表 5-4）。

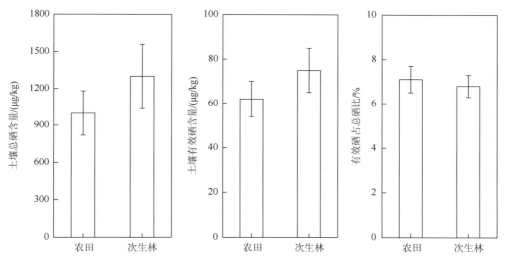

图 5-6　非喀斯特地区不同土地利用方式下土壤硒及其有效性比较

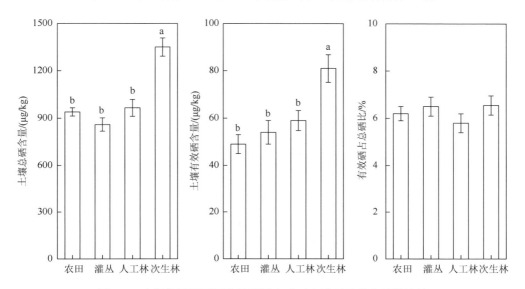

图 5-7　喀斯特地区不同土地利用方式下土壤硒及其有效性比较

表 5-3 喀斯特与非喀斯特地区土壤硒及其有效性空间变异的主控因素

地区	土壤总硒				地区	土壤有效硒				地区	有效硒占土壤总硒比			
	解释变量	系数	R^2	p值		解释变量	系数	R^2	p值		解释变量	系数	R^2	p值
非喀斯特地区	SOC	24.16	0.18	0.003	非喀斯特地区	SOC	0.94	0.12	0.003	非喀斯特地区	Ca	-0.002	0.13	0.001
						MAP	0.06	0.22	0.020		pH	0.011	0.22	0.022
喀斯特地区	SOC	19.02	0.35	0.000	喀斯特地区	SOC	1.47	0.34	0.000	喀斯特地区	MAT	0.003	0.106	0.001
						MAT	3.96	0.49	0.000					
						Ca	-0.64	0.53	0.002					

表 5-4 不同土地利用方式下土壤硒及其有效性空间变异的主控因素

类别	土壤总硒				类别	土壤有效硒				类别	有效硒占土壤总硒比			
	解释变量	系数	R^2	p值		解释变量	系数	R^2	p值		解释变量	系数	R^2	p值
农田	SOC	64.52	0.53	0.000	农田	pH	-8.51	0.18	0.003	农田	Ca	0.00	0.28	0.026
	MAP	1.13	0.6	0.004		SOC	1.5	0.32	0.000		SOC	0.00	0.4	0.000
灌丛	SOC	18.04	0.49	0.000		MAT	2.79	0.4	0.013		MAP	0.00	0.46	0.029
人工林	SOC	13.54	0.21	0.024	灌丛	SOC	1.47	0.34	0.000	人工林	Mg	0.001	0.21	0.013
次生林	SOC	15.47	0.11	0.021		MAT	3.96	0.49	0.000	次生林	Silt	0	0.1	0.013
						Ca	-0.64	0.53	0.002		MAT	0.003	0.19	0.034
					次生林	MAP	0.094	0.2	0.001					
						Sand	0.905	0.33	0.005					

5.2 长期不同施肥模式对硒在土壤-作物系统迁移转运的影响

本部分研究依托分别位于广西环江木连和环江古周的两个长期定位施肥试验小区，探讨了长期不同施肥管理模式对土壤-作物系统硒的影响。

5.2.1 白云岩区有机–无机配施对土壤–作物系统硒迁移转运的影响

该定位试验始于 2006 年，设置不施肥（对照）、仅施化肥（NPK）、70%NPK + 30%秸秆（LSNPK）、70%NPK + 30%牛粪（LMNPK）、40%NPK + 60%秸秆（HSNPK）和 40%NPK + 60%牛粪（HMNPK）六个处理。结果表明，相比对照，施肥处理显著提高了作物产量，且不同施肥处理之间无显著差异（图 5-8）。施肥对土壤总硒含量未产生显著影响，相比不施肥对照，低量牛粪处理显著降低了土壤有效硒水平（图 5-9）。

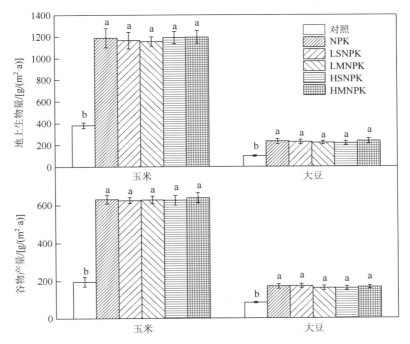

图 5-8 白云岩区长期不同有机–无机配施对作物产量的影响

2009～2018 年作物平均年产量

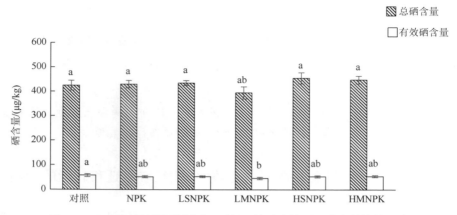

图 5-9　白云岩区长期不同有机-无机配施对土壤硒及其有效性的影响

5.2.2　石灰岩区有机-无机配施对土壤-作物系统硒迁移转运的影响

该定位试验设置六种施肥处理：不施肥（NF）、纯施化肥（CF）、化肥+秸秆还田（CF+CS）、化肥+牛粪（CF+CM）、化肥+甘蔗滤泥（CF+PM）、化肥+甘蔗灰（CF+BA）。结果表明，长期不同施肥处理对土壤总硒和有效硒含量水平均未产生显著影响（图5-10），但对作物吸收累积硒产生显著影响。相比不施肥对照，施肥不同程度降低作物不同部位的硒浓度，这可能是施肥促进玉米生物量显著增加，产生稀释效应所致。此外，使用甘蔗滤泥处理下籽粒硒累积浓度最低而根部硒累积浓度最高（图5-11和图5-12）。相关分析表明，作物各部位硒累积均与土壤有效硒含量呈显著正相关（表5-5），与土壤pH也呈显著正相关，而与土壤有机碳和有效磷含量呈显著负相关（表5-6），表明作物硒累积同时受土壤硒含量及理化性质的影响。

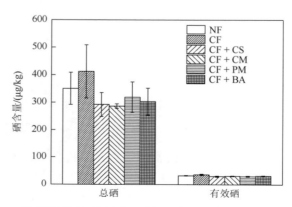

图 5-10　石灰岩区长期不同有机-无机配施对土壤硒及其有效性的影响

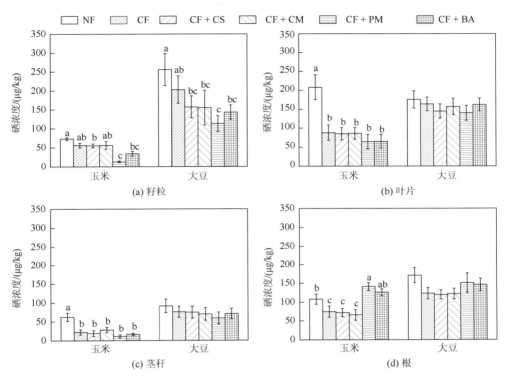

图 5-11　石灰岩区长期不同有机-无机配施对作物吸收累积硒的影响

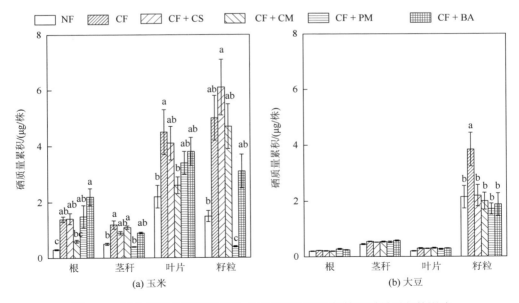

图 5-12　石灰岩区长期不同有机-无机配施对作物植株硒质量累积的影响

表 5-5 作物硒累积与土壤总硒和有效硒含量的关系

土壤硒含量	根部硒含量	茎秆硒含量	叶片硒含量	籽粒硒含量
土壤有效硒含量	0.622*	0.715**	0.656*	0.641*
土壤总硒含量	0.106	0.539*	0.217	0.508*

表 5-6 作物硒累积与土壤有机碳、pH 和有效磷含量的关系

土壤性质	根部硒含量	茎秆硒含量	叶片硒含量	籽粒硒含量
土壤有效磷含量	−0.639*	−0.782**	−0.847**	−0.884**
土壤 pH	0.565*	0.687**	0.739**	0.823**
土壤有机碳含量	−0.632**	−0.649**	0.261	−0.604**

5.3 外源施硒对土壤-作物系统硒迁移转运的影响

本部分采用盆栽实验，以小白菜为模式植物，研究了不同形态硒肥（无机态硒和有机态硒）及不同施用量（L1：3 mg/kg 土壤、L2：6 mg/kg 土壤）在两种土壤（红壤和石灰土）施行不同施肥模式时（单施无机肥和无机-有机肥配施）对小白菜生理、生长及吸收累积硒的影响。结果表明，土壤总硒水平整体随着外源施硒水平的增加而增加（图 5-13）。外源施硒对小白菜叶绿素含量的影响因土壤类型和施肥模式而异。在红壤区，外源硒添加对小白菜叶绿素含量没有显著影响；在石灰土区，

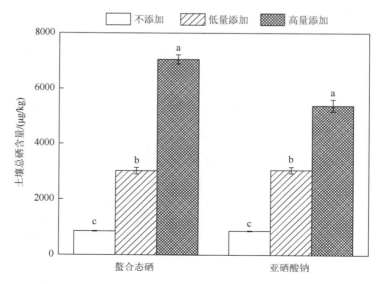

图 5-13 外源施硒对土壤总硒含量的影响

有机-无机配施时高量有机硒添加相比低量无机硒添加叶绿素含量高（图 5-14）。外源硒添加对小白菜中的抗坏血酸过氧化物酶（APX）和过氧化氢酶（CAT）活性的影响未发现特定规律（图 5-15）。在红壤区，单施无机肥模式下，外源硒添加显著抑制小白菜生长，而在无机-有机肥配施模式下，则没有发现抑制效应（图 5-16）。在红壤区外源施硒对小白菜的增硒效果显著高于石灰土区，在红壤区单施无机肥模式下，外源施硒的增硒效果显著高于在无机-有机配施模式下进行外源施硒的效果，但这种效应在石灰土不明显（图 5-17）。

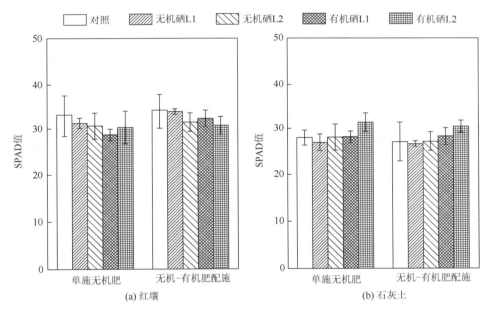

图 5-14 外源施硒对小白菜叶绿素含量的影响

SPAD 值指用土壤与作物分析开发（soil and plant analyzer develotrnent）方法测量的叶绿素浓度

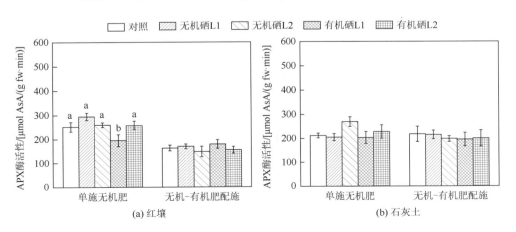

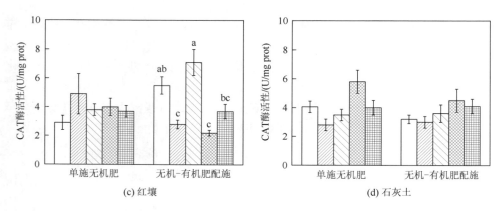

图 5-15 外源施硒对小白菜过氧化物酶和过氧化氢酶活性的影响

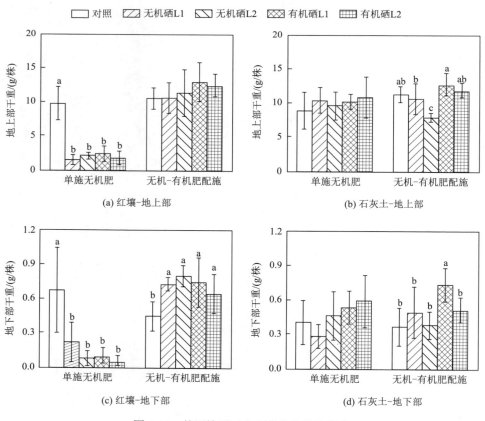

图 5-16 外源施硒对小白菜生物量的影响

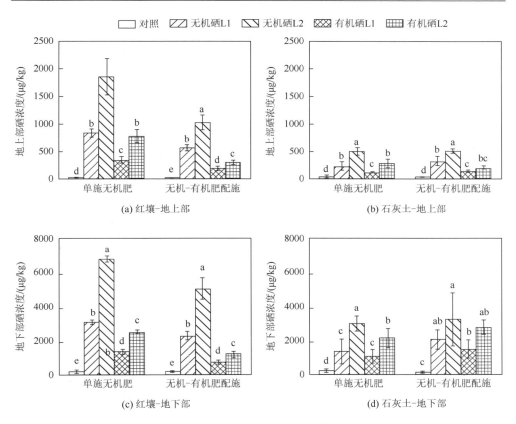

图 5-17 外源施硒对小白菜地上和地下部硒含量的影响

5.4 外源硒添加对土壤生物的影响

土壤动物和微生物构成了复杂的生物网络，是土壤物质循环的主导者，也是土壤健康的关键指标。目前关于土壤硒富集和外源硒添加如何影响土壤动物和微生物的研究非常缺乏，严重影响了土壤硒资源的高效安全利用评估。项目组研究了外源硒添加对土壤典型模型动物（蚯蚓）、微生物群落丰度和结构、微生物功能的影响，发现土壤生物对外源硒添加的响应受土壤类型和施肥模式调控，该研究结果为土壤硒资源的高效安全利用提供了科技支撑。

5.4.1 外源硒添加对土壤典型动物（蚯蚓）的影响

通过培养实验研究了不同浓度的外源硒添加对两种不同生态型蚯蚓生物量及硒富集能力的影响（图 5-18）。结果表明，外源添加硒显著抑制蚯蚓生长，且随着添加量的增加，抑制效应越明显（图 5-19），当土壤硒添加浓度达到 200 μg/g 时，两种蚯蚓的死亡率均超过 50%。外源硒添加对蚯蚓体硒生物富集的影响因添加量、蚯蚓种类以及暴露时间的不同而不同（图 5-20 和图 5-21）。两种蚯蚓体内硒浓度均随着外源硒添加浓度的增加而增加，短时间（7d）内环毛蚓体内的硒累积速度高于爱胜蚓，但随着暴露时间的延长，爱胜蚓体内硒浓度反过来要高于环毛蚓（图 5-20）。当土壤硒浓度低时，蚯蚓对硒的富集系数相对较高，随着土壤硒浓度的增加，生物富集系数显著降低。两种蚯蚓对硒的富集能力有显著差异，在低硒土壤中，环毛蚓的富集系数显著高于爱胜蚓，而在高硒土壤中则相反（图 5-21）。

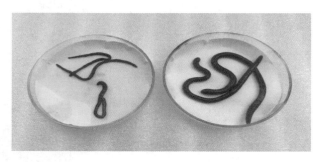

扫一扫，看彩图

图 5-18 爱胜蚓（左）和环毛蚓（右）

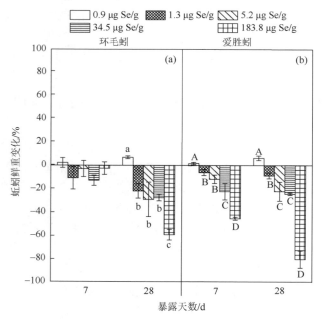

图 5-19 外源硒添加对蚯蚓生长的影响

（a）环毛蚓；（b）爱胜蚓：不同大小写字母代表差异显著性

第 5 章 土壤硒与生态环境协同演变机制与反馈

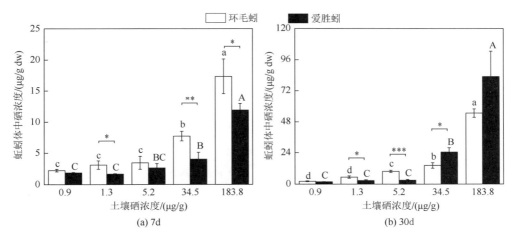

图 5-20 外源硒添加对蚯蚓硒浓度的影响

***表示 $P<0.001$，**表示 $P<0.01$，*表示 $P<0.05$，下同

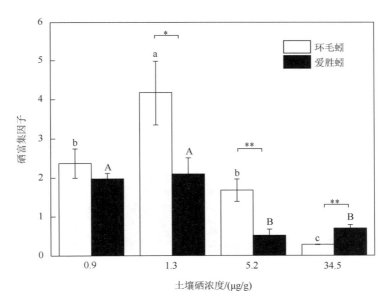

图 5-21 外源硒添加对蚯蚓硒富集系数的影响

5.4.2 外源硒添加对土壤微生物群落的影响

与上述部分研究同步进行，分析了外源硒添加对土壤微生物丰度及群落结构的影响。总体来看，外源硒添加对土壤微生物群落丰度没有显著影响（图 5-22），但显著改变了土壤微生物群落结构。相比无机硒处理，有机硒添加显著提高了真

菌与细菌比，而降低了革兰氏阳性菌与革兰氏阴性菌比（图 5-23）。与单施无机肥相比，配施有机肥时，土壤微生物丰度均有显著提高，而在配施有机肥模式下，

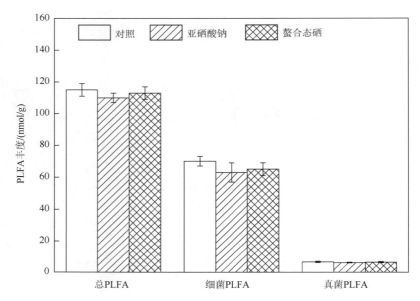

图 5-22　外源硒添加对土壤微生物群落丰度的影响

PLFA 为磷脂脂肪酸

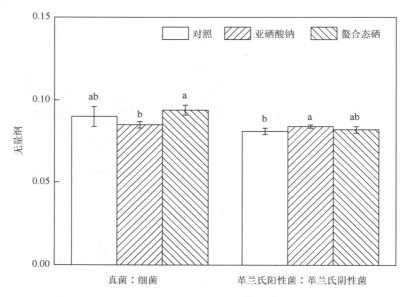

图 5-23　外源硒添加对土壤微生物群落结构的影响

外源施硒可显著降低土壤微生物丰度（图 5-24）。在单施无机肥模式下，有机硒相比无机硒处理显著降低革兰氏阳性菌与革兰氏阴性菌比；而在无机-有机肥配施模式下，外源硒添加对土壤细菌群落结构没有显著影响（图 5-25）。单施无机肥模式下，外源硒添加水平对土壤微生物群落丰度与结构均无显著影响（图 5-26）。在无机-有机肥配施模式下，高量外源硒添加显著降低了土壤微生物群落丰度，但对群落结构没有显著影响（图 5-27）。

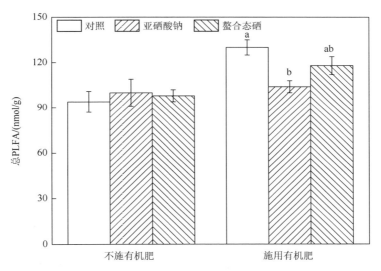

图 5-24　不同施肥模式下外源硒添加对土壤微生物群落结构的影响

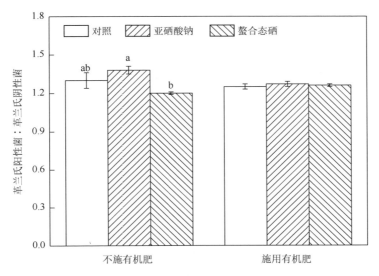

图 5-25　不同施肥模式下外源硒添加对土壤细菌群落结构的影响

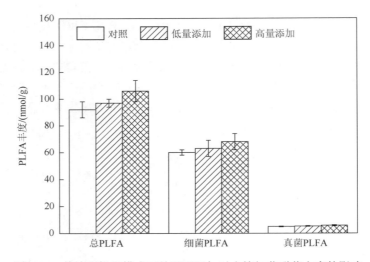

图 5-26　单施无机肥模式下外源硒添加对土壤细菌群落丰度的影响

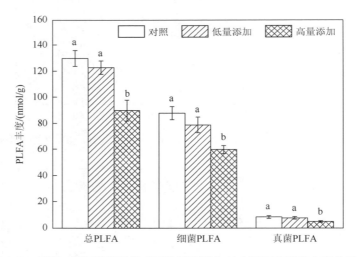

图 5-27　无机-有机肥配施模式下外源硒添加对土壤细菌群落丰度的影响

5.4.3　外源硒添加对土壤酶活性（微生物功能指标）的影响

与上述部分研究同步进行，分析了外源硒添加对土壤酶活性的影响。在红壤单施无机肥模式下，外源硒添加显著提升了土壤 BG 酶（葡萄糖苷酶）、NAG 酶（N-乙酰-β-D-氨基葡萄糖苷酶）和 AP 酶（酸性磷酸酶）活性（分别为土壤碳、氮和磷转化相关的酶），但在无机-有机肥配施模式下，外源硒添加显著抑制了上述三种酶活性（图 5-28）。在石灰土中外源硒添加处理相比对照而言，土壤酶活性没有显著变化。

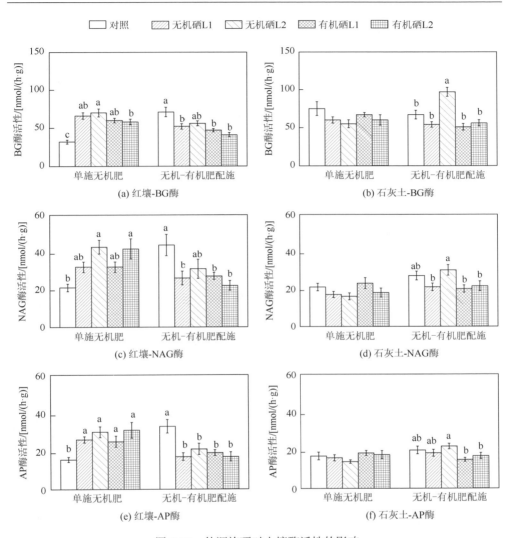

图 5-28 外源施硒对土壤酶活性的影响

参 考 文 献

Xiao X M, Niyogi D, Ojima D. 2009. Changes in land use and water use and their consequences on climate, including biogeochemical cycles[J]. Global and Planetary Change, 67 (1-2): Ⅳ.

第6章　农林土壤硒素安全利用评价模型构建及土壤硒素安全阈值

为构建农林土壤硒素安全利用评价模型，本章节研究了不同硒与重金属含量对其土壤微生物组成的影响，评价土壤硒素对土壤生态安全的影响。

6.1　土壤中有效硒评价指标和方法的确定

选取典型富硒区（广西、安徽石台、湖北恩施、宁夏中卫等地），通过研究生物有效硒组分中的重金属含量（包括铅、镉、汞、砷、锡、镍、铬）的特征，以及生物有效硒组分与理化指标（包括pH、Eh、N、P、K、OrgC、含水率）、土壤微生物指标（总微生物、细菌、真菌）的相互关系，确定土壤生物有效硒的评价指标和方法。

（1）广西样品分析结果如图6-1和图6-2所示。水稻土总硒浓度范围为172.99～939.17 μg/kg，平均值为 467.64 μg/kg。水稻制成的大米总硒浓度范围为 20.29～257.59 μg/kg，平均值为98.91 μg/kg。玉米土总硒浓度范围为93.01～1069.13 μg/kg，平均值为 484.50 μg/kg。玉米总硒浓度范围为 21.62～178.56 μg/kg，平均值为82.30 μg/kg。

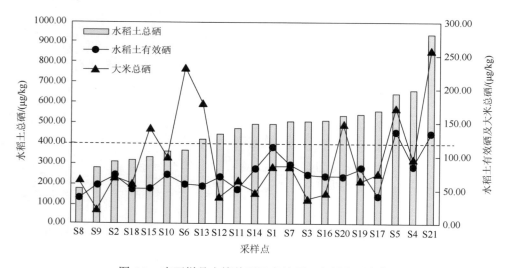

图6-1　广西样品土壤总硒及有效硒、水稻总硒浓度

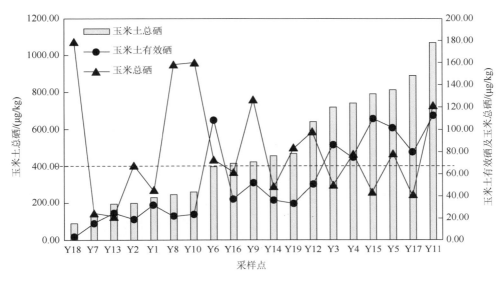

图 6-2 广西样品土壤总硒及有效硒、玉米总硒浓度

参考广西地方标准《富硒农产品硒含量分类要求》(DB45/T 1061—2014)，富硒水稻及富硒玉米硒含量标准均为 150～500 μg/kg。达到富硒标准的水稻样品有 4 个，这 4 个样品对应的土壤总硒和有效硒含量分别平均为 589.89 μg/kg 和 96.43 μg/kg。达到富硒标准的玉米样品有 3 个，这 3 个样品对应的平均土壤总硒和有效硒含量分别为 201.19 μg/kg 和 16.74 μg/kg。所有样品均未超出富硒标准上限。

（2）石台样品分析结果如图 6-3 和图 6-4 所示，各采样点土壤总硒浓度范围为 172.69～4670.03 μg/kg，平均值为 1653.92 μg/kg。采集水稻制成的大米总硒浓度范围为 9.97～44.01 μg/kg，平均值为 26.21 μg/kg。茶叶总硒浓度范围为 78.55～1291.44 μg/kg，平均值为 281.86 μg/kg。

（3）恩施样品分析结果如图 6-5 和图 6-6 所示，水稻土土壤总硒浓度范围为 194.90～4723.40 μg/kg，平均值为 1697.32 μg/kg。水稻制成的大米总硒浓度范围为 62.30～578.20 μg/kg，平均值为 207.65 μg/kg。玉米根际土壤总硒含量浓度范围为 551.00～3679.60 μg/kg，平均值为 2048.52 μg/kg。玉米总硒浓度范围为 31.1～641.60 μg/kg，平均值为 181.21 μg/kg。

（4）中卫样品分析结果如图 6-7 和图 6-8 所示，枸杞根际土壤总硒浓度范围为 88.00～187.01 μg/kg，平均值为 142.27 μg/kg。枸杞总硒浓度范围为 9.00～19.50 μg/kg，平均值为 13.27 μg/kg。土豆根际土壤总硒浓度范围为 113.00～253.20 μg/kg，平均值为 190.05 μg/kg。土豆总硒浓度范围为 3.00～34.00 μg/kg，平均值为 20.91 μg/kg。

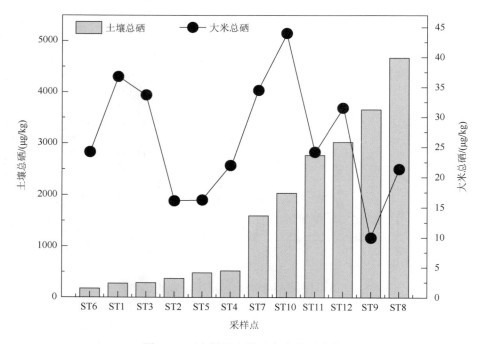

图 6-3　石台样品土壤及大米总硒浓度

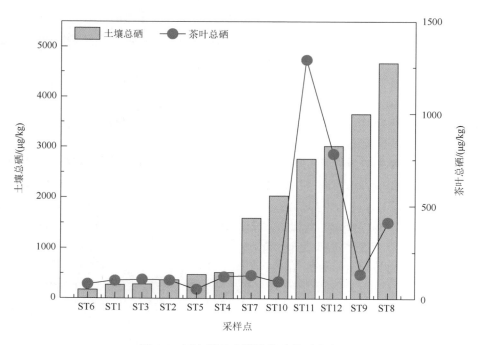

图 6-4　石台样品土壤及茶叶总硒浓度

第6章 农林土壤硒素安全利用评价模型构建及土壤硒素安全阈值

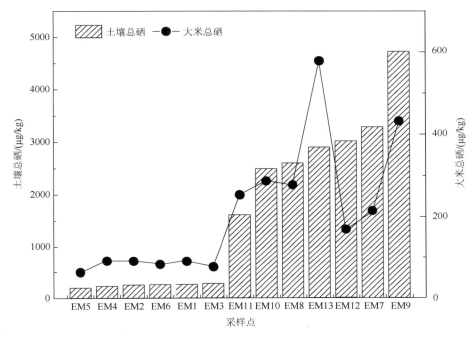

图 6-5 恩施样品土壤及大米总硒浓度

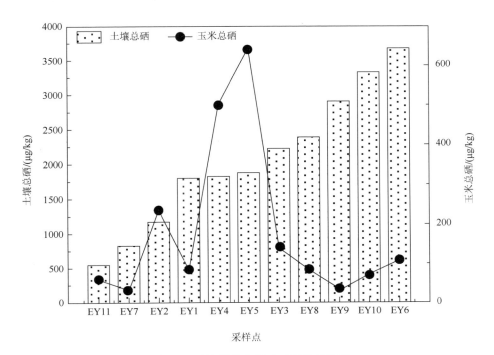

图 6-6 恩施样品土壤及玉米总硒浓度

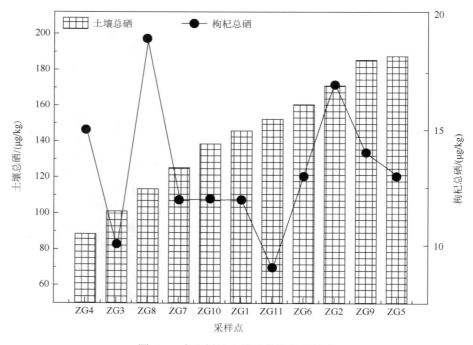

图 6-7 中卫样品土壤及枸杞总硒浓度

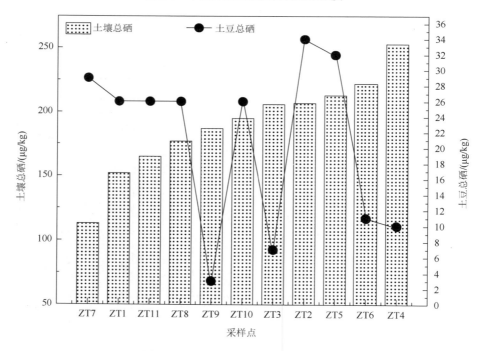

图 6-8 中卫样品土壤及土豆总硒浓度

6.2 构建土壤硒素安全利用评价模型

6.2.1 研究方案

根据典型农作物（包括谷物、蔬菜、水果、茶叶）对土壤中的生物有效硒的利用规律，确定典型作物对土壤硒的利用模型；并依据《富硒农产品》（GH/T 1135—2017）中富硒农产品的硒含量与硒形态标准，以及《食品安全国家标准 食品中污染物限量》（GB 2762—2022）中农产品中的重金属限量标准，确定典型农作物中硒的安全限量评价指标和方法。

6.2.2 研究内容

目前国内富硒农产品的硒含量和形态最为科学、完整的行业标准《富硒农产品》（GH/T 1135—2017），对谷物类、豆类、薯类、蔬菜类、食用菌类、肉类、蛋类、茶叶 8 个品系的农产品中的硒含量予以规范，而且对其中的硒代氨基酸的含量占比也进行了科学的规范，一方面设定总硒含量标准确保富硒农产品的食用安全，另一方面设定硒代氨基酸的含量标准确保富硒农产品中硒的作物转化来源，防止了造假的出现。关于土壤中全硒的测定主要有两种方法标准：《土壤中全硒的测定》（NY/T 1104—2006）和《土壤和沉积物 汞、砷、硒、铋、锑的测定 微波消解/原子荧光法》（HJ 680—2013）。目前，在富硒土壤标准方面，宁夏、黑龙江、内蒙古制定了相关的地方标准，这些标准主要根据不同土壤类型中的总硒含量予以分类，对土壤中全硒含量的分类依据较单一。并且仅仅从土壤总硒含量的特征分布的角度出发而非安全角度。这并不能保证栽培出的作物中的硒含量达到相应富硒农产品标准。

6.2.3 研究结果

土壤硒素安全阈值评价的第一要素是农产品的硒含量标准。纵观国内外，关于土壤质量相关硒的标准较少，未形成标准体系。硒的标准体系主要集中在人体摄入量和富硒农产品方面，可为富硒土壤标准设计提供参考。目前富硒产业正步入快速发展关键时期，相关主管部门对此高度重视，这也为富硒土壤标准研制提供了良好契机，为富硒产业的高质量发展提供可靠保障。

基于土壤中有效硒评价指标和方法的确定和典型农作物中的生物有效硒的研究结果，利用 SPSS Statistics 24 来构建典型土壤中硒素安全利用的评价模型。

多元回归模型是用来进行回归分析的数学模型（含相关假设），其中只含有一个回归变量的回归模型称为一元回归模型，其他称为多元回归模型。在构建模型过程中涉及的变量包括水稻籽粒硒素含量、安全性、施硒量和施硒形态，有多个回归变量且非连续数据的条件下，使用多元/项回归模型。

步骤一：在 SPSS Statistics 24 中录入所有已知数据；

步骤二：进行多元 Logistics 回归分析；

步骤三：查看显著性差异并分析变量。

经过模型（表 6-1）检验，内戈尔科 R^2 为 1.000；霍斯默-莱梅肖检验显著性为 1.000，在迭代 27 次后检验到完美拟合，且此解并非唯一。

表 6-1 模型摘要

步骤	−2 对数似然	考克斯-斯奈尔 R^2	内戈尔科 R^2
一	0.000[a]	0.626	1.000

[a] 由于检测到完美拟合，因此估算在第 27 次迭代时终止。这个解并非唯一。

从表 6-2 中的显著性可以看出，所有的变量差异均显著，而常量即施硒量（mg/kg）差异不显著，其中籽粒含量、硒粉和亚硒酸盐的显著性数据＜0.01，差异性极为显著；硒酸盐与硒矿的显著性数据＜0.05，拒绝原假设，差异性显著。当混施硒酸盐时，水稻的籽粒总硒含量已经高达 38 mg/kg，严重影响粮食安全。通过 B 值的正负值可以显示该种显著性差异的正负反馈及其效应，而 Exp（B）则反映了该变量的置信区间，在预测条件下有多大的概率会发生拒绝假设为安全的情况。

通过文献调研显示，叶面喷施亚硒酸钠的方式更有益于水稻吸收有毒有害的无机硒转化为活性高且安全的有机硒，这是一个很有效的方法。同时，采用叶面喷施的施肥方式时，30 mg/kg 是最安全、也最容易吸收且效率最高的浓度。

表 6-2 模型中的变量

	变量	B 值	标准误差	瓦尔德值	自由度	显著性	Exp（B）
步骤一	常量	−1.427	0.455	9.855	1	0.964	0.240
	籽粒含量	−1184.27	0.3	3.327	1	0.002	0.786
	硒粉	−5311.38	0.255	25.5	4	0.008	0.67
	亚硒酸盐	−4014.9	0.566	0.513	1	0.004	0.474
	硒酸盐	35315	0.385	2.588	1	0.02	0.108
	硒矿	−21.203	0.838	2.17	1	0.02	0.141

注：常量为施硒量（mg/kg）。

图 6-9 和图 6-10 看出，图中的残差分布与正态分布有些许贴近（对角线代表正态分布），且由数据拟合的三阶多项式所得 R^2 值可知，拟合效果较好。

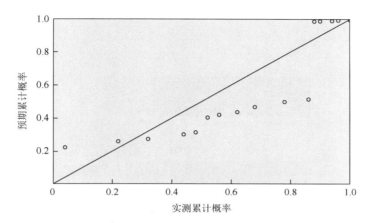

图 6-9　模型残差的 P-P 图

学生化残差的 P-P 图将残差分布与正态分布相比较；对角线代表正态分布；残差的观测累计概率越靠近此线，则残差分布越接近于正态分布

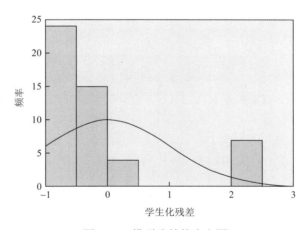

图 6-10　模型残差的直方图

学生化残差的直方图将残差分布与正态分布相比较，平滑线代表正态分布，残差频率越靠近此线，则近于正态分布

拟合的三阶方程如下所示：
$$y = 0.1901x^3 - 1.3197x^2 - 2.9595x, \quad R^2 = 0.9984$$
式中，x 为施硒量（mg/kg）；y 为水稻籽粒中的硒素含量（mg/kg）。由于施硒形态的不同，x 变量的来源对模型也有一定影响（图 6-11）。其中，硒粉和硒矿影响一致；硒酸盐对施硒效果影响极大。

图 6-12 表现了施硒量对于水稻籽粒含量的重要性小于施硒形态,在同等施硒量的条件下(最佳施硒量 30 mg/kg),施硒形态对籽粒中硒素的累积起着重要作用,甚至超过安全阈值。

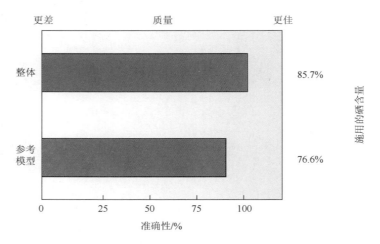

图 6-11 模型整体质量效果及其准确性

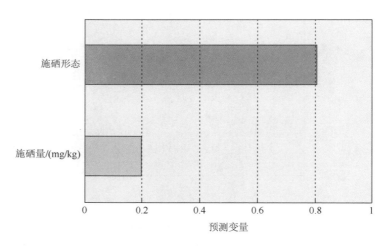

图 6-12 预测变量的重要性

图 6-13 中显示施硒量对籽粒含量的影响较为重要,显著性大于 0.5,重要性为 1。在增施硒素的条件下,当土壤中的硒素含量过高时,农作物中的硒素反而会降低,且土壤硒素会抑制作物生长甚至造成死亡。另外,本研究发现,适宜的硒素浓度配以适量的 CO_2 交互作用会表现为协同作用。水培黄瓜施用亚硒酸钠的情况下,黄瓜的株高、叶面积和根系生长均表现出明显的促进作用,且在施硒浓

度为 0.125 mg/L 配以高浓度 CO_2 时达到峰值,高于该浓度后黄瓜严重减产。增施 CO_2 对这些指标也有不同程度的提升作用,因此适宜的硒浓度和 CO_2 浓度的交互作用对黄瓜的增产表现为协同作用。在黄瓜结果期,增施 CO_2 相对于大气 CO_2 浓度下施硒可显著提高黄瓜的净光合速率,并在施硒浓度为 0.25 mg/L 时达到最高值,施硒浓度与 CO_2 浓度对黄瓜植株的光合能力也有显著的交互作用。此外,随着生长的进行,硒与 CO_2 浓度的交互作用还提高了果实硒累积量占整株硒累积量的比例,但提高程度随施硒浓度的增加而降低。

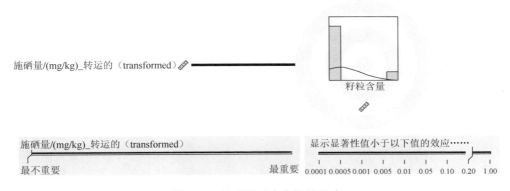

图 6-13　施硒量对安全性的影响

6.3　基于食品含量标准和生态系统健康的土壤硒素安全阈值研究

基于食品含量标准和生态系统健康开展了土壤硒素安全阈值研究:对典型富硒区中不同土壤类型、不同类型作物、不同土壤硒含量等进行农产品硒含量和土壤生态系统健康指标评价,确立土壤硒素安全阈值。根据研究区域的作物种植品系基础,重点研究谷物、蔬菜、水果、茶叶在产品含量标准阈值条件下,其种植土壤中的硒素阈值特征,及其可利用硒阈值特征。

6.3.1　广西典型富硒区土壤硒素阈值特征及水稻线虫模型构建

目前多数的研究侧重于如何提高农产品硒含量,对利用天然富硒土壤或施用硒肥是否对土壤生态系统健康造成影响,知之甚少。为了保障天然富硒土壤资源的可持续利用,我们在实际生产和研究过程中找到能有效指示富硒土壤生态健康的生物指示者是非常有必要的。线虫是土壤生态系统中数量最多的后生动物,直接参与到有机物质积累和营养物质循环过程。随着人们对土壤线虫的多样性及其生态重要性的广泛关注，线虫越来越多地被用于土壤环境质量监控。线虫各类群敏感性存在明显差异，可以对环境因子扰动做出不同的响应，线虫密度、线虫属及各种群落生态指数[如富集指数（EI）、通道指数（NCR）、成熟指数（MI）、结构指数（SI）等]能很好地指示自然和农业土壤生态系统受干扰程度（Ekschmitt et al., 2001；Paz-Ferreiro and Fu, 2016）。目前有限的研究显示，硒添加会对土壤线虫的数量和群落结构产生影响，但目前尚缺乏探讨天然富硒土壤环境中线虫对硒浓度变化响应的相关研究。因此，选取广西具有代表性的桂平市天然富硒区为研究对象，对稻田土壤线虫群落进行分析，比较不同硒含量下土壤线虫群落结构差异，分析土壤硒含量与多种线虫生态指标的相关性，以期通过研究线虫对土壤硒浓度变化的响应，筛选对硒敏感的生物指标，为利用线虫指标评价土壤硒水平，并进而评估天然富硒土壤生态健康提供科学依据，同时，探究硒对线虫群落特征的影响，加深对土壤生物多样性和生态功能的全面认识。

1. 研究区土壤硒分布状况及作物根际土壤微生物组成

研究区域桂平市位于广西壮族自治区东南部，属南亚热带季风气候，年平均气温为 21.8℃，年平均降水量为 1735 mm，土壤主要类型为湿润富铁土和湿润雏形土。共采集 50 个样点（5 个样品受损），每个采样点随机采集 3 个土样。水稻土壤总硒含量和有效硒含量见图 6-14。水稻土壤总硒含量在 0.1~0.9 mg/kg 范围内，平均值为 0.36 mg/kg，低于世界土壤平均硒含量 0.4 mg/kg。根据李家熙和吴功建（1999）全国土壤地球化学的调查数据，将土壤划分为极低硒土壤（<0.1 mg/kg）、低硒土壤（0.1~0.2 mg/kg）、中硒土壤（0.2~0.4 mg/kg）、高硒土壤（>0.4 mg/kg）。本研究中，低硒组土壤占比 17.8%[n(样点数) = 8]，中硒土壤占比 51.1%（n = 23），高硒土壤占比 31.1%（n = 14）。有效硒含量在 1.24~43.86 μg/kg 范围内，平均值为 17.39 μg/kg。随总硒含量增加，有效硒含量也随之增加（p<0.05）。有效硒百分比为 0.62%~15.03%，平均值为 5.10%。

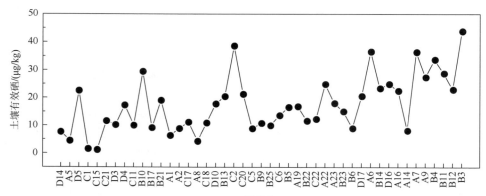

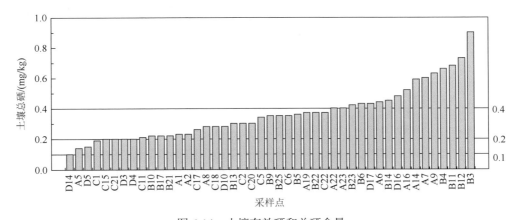

图 6-14 土壤有效硒和总硒含量

总硒含量为 0.1 mg/kg、0.2 mg/kg、0.4 mg/kg 直线为土壤分类界限

土壤样品里,细菌占比平均值为 73.36%,放线菌为 17.82%,酵母菌为 7.61%,霉菌为 1.21%。存在细菌数量＞放线菌数量＞酵母菌数量＞霉菌数量的规律。在低硒组、中硒组和高硒组间,微生物细菌密度、霉菌密度、酵母菌密度和放线菌密度没有显著差异(图 6-15,$p<0.05$)。对土壤总硒数量和各类型微生物密度进

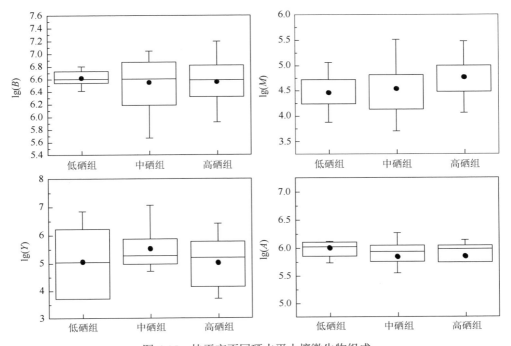

图 6-15 桂平市不同硒水平土壤微生物组成

B:土壤可培细菌数;M:土壤可培霉菌数;Y:土壤可培酵母菌数;A:土壤可培放线菌数

行线性拟合，没有发现显著的变化规律。同样地，在有效硒和微生物数量之间也未发现明显的相关关系（$p<0.05$）。因此，微生物不适宜作为硒素安全阈值评价依据。

2. 水稻根际土壤线虫模型构建

线虫在显微镜下计数，每个样本随机取 100 条线虫进行属鉴定，少于 100 条线虫的样本，对全部线虫进行鉴定。根据形态特征将线虫划分为植食线虫（PF）、食细菌线虫（Ba）、食真菌线虫（Fu）和杂/捕食线虫（OP）4 个营养类群，并根据生活史特征赋予范围 1～5 的 c-p 值（Ferris et al., 2001）。

采用多种生态指数对线虫多样性和群落结构进行描述（Bongers and Bongers, 1998；Lu et al., 2020），计算公式如下：

$$成熟度指数（MI）= v_i \times f_i \tag{6-1}$$

$$通道指数（NCR）= Ba/(Ba + Fu) \tag{6-2}$$

$$富集指数（EI）= 100 \times e/(e + b) \tag{6-3}$$

$$结构指数（SI）= 100 \times s/(s + b) \tag{6-4}$$

$$F/B 指数（F/B）= Fu/Ba \tag{6-5}$$

$$多样性指数（H'）= -\sum g_i \times \ln(g_i) \tag{6-6}$$

$$均匀度（J'）= H'/\ln(S) \tag{6-7}$$

$$营养多样性指数（TD）= 1/(\sum P_i^2) \tag{6-8}$$

式中，v_i 为第 i 个线虫属线虫的 c-p 值（除去植食性线虫）；f_i 为第 i 个线虫属的相对丰度（除去植食性线虫）；Ba 为食细菌线虫数量；Fu 为食真菌线虫数量；$e = \sum k_e n_e$，$s = \sum k_s n_s$，$b = \sum k_b n_b$，其中，k 为被赋予 e（Ba_1, Fu_2），s（Ba_3–Ba_5，Fu_3–Fu_5，Om_3–Om_5，Pr_2–Pr_5）以及 b（Ba_2, Fu_2）的权重系数，n 为这些线虫的相对丰度；g_i 为第 i 个属线虫相对丰度；S 为线虫总属数；P_i 为第 i 个线虫营养群相对丰度。

1）土壤线虫群落结构特征

对线虫群落进行非度量多维尺度分析（NMDS），克鲁斯卡尔应力值（stress value）为 0.18，达到较理想的拟合水平。图 6-16 中以不同类型的点代表不同硒含量样本，点之间的距离表示差异程度，结果表明，不同硒含量土壤中，线虫群落结构区分明显，尤其是低硒土壤和高硒土壤，样本组间距离较大，说明在硒含量影响下的线虫群落结构差异显著。

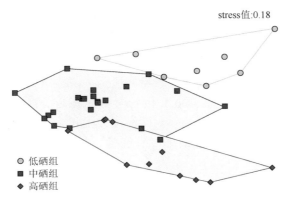

图 6-16　不同硒含量土壤线虫群落的非度量多维度尺度分析排序图（NMDS）

在所有土壤样品中共发现 31 属线虫（图 6-17），食细菌线虫和植食性线虫种类比较丰富，被检测到的线虫分别有 11 属；食真菌线虫和杂/捕食线虫种类较少，检测到的分别只有 5 和 4 属。在低硒组内，共有线虫 30 属；中硒组内，共有线虫 27 属；高硒组内，共有线虫 24 属。样品内的优势线虫属是潜根属（Hirschmanniella），在低硒、中硒和高硒组中相对丰度分别为 42.3%、52.7% 和 51.2%。拟丽突属（Acrobeloides）和丝尾垫刃属（Filenchus）在低硒组相对丰度较高，分别为 11.0% 和 10.4%，在高硒组相对丰度减小到 3.3% 和 2.2%。原杆属（Protorhabditis）、中

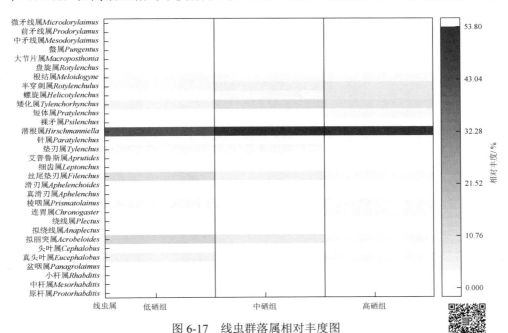

图 6-17　线虫群落属相对丰度图

杆属（*Mesorhabditis*）、真滑刃属（*Aphelenchus*）、艾普鲁斯属（*Aprutides*）和螯属（*Pungentus*）在低硒及中硒组内相对丰度均较低，在高硒组中则未检出。

不同硒含量组的线虫类群相对丰度见图 6-18。不同 c-p 值的线虫类群中，cp-3 为优势类群，其相对丰度在不同硒含量组间达到 64.0%～76.2%，其次为 cp-2 类群，相对丰度为 20.7%～35.7%。cp-1 和 cp-4 都为稀有类群，线虫数量较少，本研究中未检出 cp-5 的线虫。cp-1、cp-3 及 cp-4 线虫相对丰度在不同硒含量组间无显著差异，而低硒组 cp-2 线虫相对丰度显著高于中硒组和高硒组（$p<0.05$）。

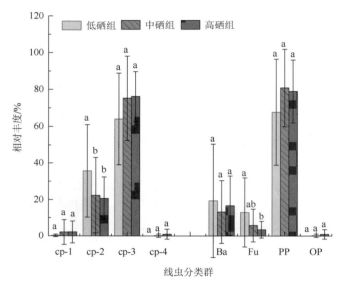

图 6-18 线虫分类群相对丰度

小写字母 ab 不同表示组间存在显著差异（$p<0.05$）

各组内植食性线虫（PP）为优势类群，相对丰度为 67.6%～80.8%，随后相对丰度较大的依次为食细菌线虫（Ba）、食真菌线虫（Fu），杂/捕食线虫数量（OP）较少，低硒组没有观察到该类群。食细菌线虫、植食性线虫及杂/捕食线虫相对丰度在各组间无显著差异，高硒组中食真菌线虫 Fu 相对丰度显著低于低硒组（$p<0.05$）。

2）土壤线虫群落生态指数

不同硒含量土壤线虫密度及群落生态指数如表 6-3 所示。硒含量对土壤线虫数量、F/B 值及结构指数 SI 有显著影响。低硒组线虫密度最小，仅为 249.37 线虫数量/100 g 干土，中硒组和高硒组线虫密度显著高于低硒组，分别为 470.57 线虫数量/100 g 干土和 543.66 线虫数量/100 g 干土。低硒组 F/B 值为 0.52，显著高于中硒组和高硒组。低硒组、中硒组及高硒组土壤线虫 SI 分别为 69.83、48.56 及

43.40，低硒组 SI 显著高于中硒组和高硒组。其他线虫群落生态指数在不同硒含量组土壤间无显著差异。

表 6-3　不同硒含量土壤线虫群落生态指数

组别	TN	F/B	H'	S	TD	J'	MI	SI	EI	NCR
低硒组	249.37 b	0.52 a	0.80 a	15.63 a	1.63 a	0.63 a	2.64 a	69.83 a	85.60 a	0.66 a
中硒组	470.57 a	0.34 b	1.14 a	12.48 a	1.64 a	0.66 a	2.74 a	48.56 b	89.12 a	0.75 a
高硒组	543.66 a	0.32 b	1.29 a	11.07 a	1.79 a	0.61 a	2.59 a	43.40 b	86.17 a	0.76 a

注：TN 为线虫密度（线虫数量/100 g 干土），小写字母 ab 不同表示组间存在显著差异（$p<0.05$）。

3）稻田土壤线虫模型构建

参考 van den Hoogen 等（2020）的数据，全球 6825 个样品表层土壤线虫密度中位值为 857，以此为全球土壤线虫密度背景值。

根据本研究的实验数据，在低浓度时，水稻土中总硒、有效硒与线虫存在线性关系（图 6-19），即

$$y = 72 + 748.7x_1$$

$$y = 158.7 + 11x_2$$

式中，y 为线虫密度（线虫数量/100 g 干土）；x_1 为土壤总硒（mg/kg）；x_2 为土壤有效硒（μg/kg）。

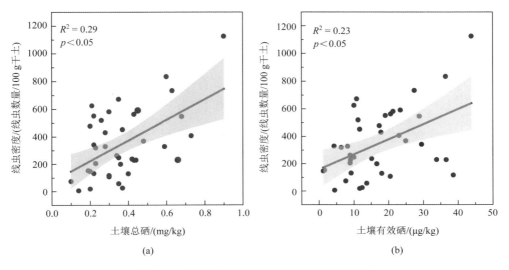

图 6-19　桂平市不同硒水平土壤微生物组成

本研究以线虫的密度背景值的 30%，即线虫密度为 257.1 线虫数量/100 g 干土作为线虫安全阈值限，那么对应的土壤总硒和有效硒分别为 0.25 mg/kg 和 8.95 μg/kg。因此，通过土壤线虫模型，初步建立的土壤总硒安全阈值下限为 0.25 mg/kg，土壤有效硒安全阈值下限为 8.95 μg/kg。

对土壤总硒含量和线虫的成熟度指数（MI）、通道指数（CI）、富集指数（EI）和结构指数（SI）进行线性拟合（图 6-20）。结果显示，SI 值和土壤硒含量存在显著的负相关关系，即随着土壤硒含量的增加，线虫的结构指数显著下降。SI 指数一般可指示土壤食物网的复杂程度，SI 减小说明硒对部分土壤动物已产生负面影响，导致土壤动物死亡，食物网结构变简单。

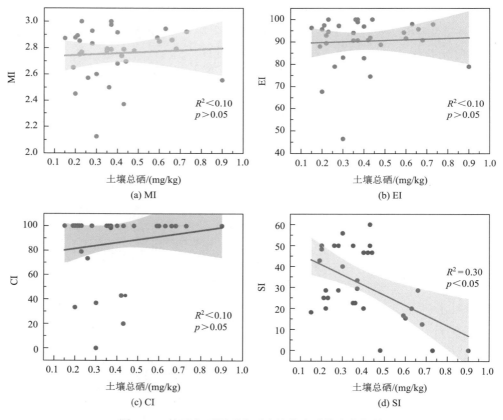

图 6-20　桂平市不同硒水平土壤线虫群落生态指数

6.3.2　模型验证与优化

通过水稻盆栽试验加以验证上述线虫模型。对水稻盆栽苗期和成熟期土壤总硒进行检测,结果如图 6-21 所示,成熟期土壤硒含量和实验设计硒含量相接近,而苗期土壤硒含量高于实验设计硒含量。可能存在的原因是样品不均匀和检测误差,而成熟期土壤硒含量低于苗期土壤硒含量则是因为水稻植株在生长过程中吸收转移了一部分土壤硒。总体来说,处理组间存在预设的硒浓度梯度。

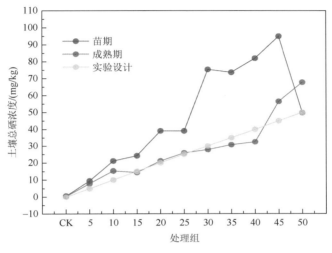

图 6-21　不同时期土壤总硒和实验设计土壤总浓度

结合成熟期土壤总硒浓度和水稻加工后大米总硒浓度建立水稻硒吸收模型(图 6-22)。参考广西地方标准《富硒农产品硒含量分类要求》(DB45/T 1061—

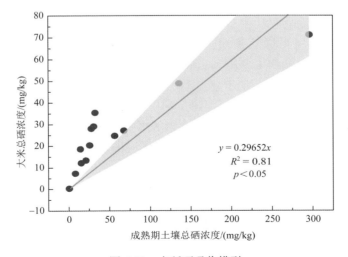

图 6-22　水稻硒吸收模型

2014),富硒水稻及富硒玉米硒含量标准为 150～500 μg/kg。根据此模型计算,在大米硒浓度阈值下,土壤硒浓度范围为 0.51～1.67 mg/kg。后续需根据土壤有效硒、土壤 pH 及有机质含量等影响因素对模型进行调整校正。

结合成熟期土壤硒浓度及土壤线虫密度,建立土壤线虫密度模型。如图 6-23 所示,随硒浓度增加,土壤线虫密度减小,但是减小的速率越来越小。

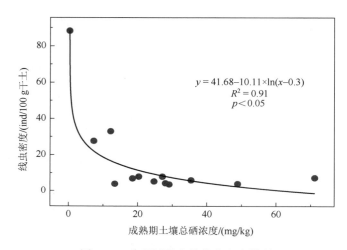

图 6-23　盆栽试验土壤线虫密度模型

基于上述研究发现,以线虫的全球密度背景值的 30%,即线虫密度为 257.1 线虫数量/100 g 干土作为线虫安全阈值下限,对应的水稻土土壤总硒和有效硒分别为 0.25 mg/kg 和 8.95 μg/kg。采集广西成熟水稻、玉米及根际土壤样品进行分析,富硒水稻样品对应的平均土壤总硒和有效硒含量分别为 589.89 μg/kg、96.43 μg/kg,富硒玉米样品平均土壤总硒和有效硒含量分别为 201.19 μg/kg、16.74 μg/kg。所有样品均未超出富硒标准上限。结合盆栽试验成熟期土壤硒浓度和水稻加工后大米硒浓度,初步建立水稻硒吸收模型,根据此模型计算,在大米硒浓度阈值(150～500 μg/kg 富硒标准)下,土壤硒浓度范围为 0.51～1.67 mg/kg,后续需根据土壤有效硒、pH 及有机质含量等影响因素对模型进行调整和校正。相关研究结论可以用来监测土壤硒水平,从而规避硒引起的不易被发现的土壤环境质量下降问题,以及食品硒缺乏和超标问题,为制定富硒土壤和农产品标准,高效安全利用富硒土壤资源提供理论依据。

参 考 文 献

李家熙,吴功建. 1999. 中国生态环境地球化学图集[M]. 北京:地质出版社.

Bongers T,Bongers M. 1998. Functional diversity of nematodes[J]. Applied Soil Ecology,10:239-251.

Ekschmitt K, Klein A, Pieper B, et al. 2001. Biodiversity and functioning of ecological communities — Why is diversity important in some cases and unimportant in others? [J]. Journal of Plant Nutrition and Soil Science, 164 (3): 239-246.

Ferris H, Bongers T, de Goede R G M. 2001. A framework for soil food web diagnostics: extension of the nematode faunal analysis concept[J]. Applied Soil Ecology, 18 (1): 13-29.

Lu Y, Chen X, Xue W F, et al. 2020. Short-term effects of cadmium and mercury on soil nematode communities in a pot experiment[J]. Helminthologia, 57: 145-153.

Paz-Ferreiro J, Fu S. 2016. Biological indices for soil quality evaluation: Perspectives and limitations [J]. Land Degradation & Development, 27 (1): 14-25.

van den Hoogen J, Geisen S, Wal D H, et al. 2020. A global database of soil nematode abundance and functional group composition[J]. Scientific Data, 7: 103.

第 7 章 土壤硒资源的科学利用与硒产业高质量发展对策

7.1 富硒土壤等级划分

7.1.1 土壤质量 富硒土壤

我国自东北向西南横跨 22 个省份，存在一个天然的缺硒地带。尽管中国是典型的缺硒大国，但是仍存在一些天然富硒区，如广西、海南、湖北恩施、陕西安康、贵州开阳、浙江龙游、江西宜春、安徽石台等。这些区域的土壤硒含量较高，农产品中硒含量丰富。目前富硒土壤尚没有国家标准，部分行业标准和地方标准主要是根据不同土壤类型中的总硒含量予以分类的，如《土地质量地球化学评价规范》（DZ/T 0295—2016）中的土壤中硒含量分类标准：缺乏（<0.125 mg/kg）、边缘（0.125～0.175 mg/kg）、适量（0.175～0.4 mg/kg）、高（0.4～3.0 mg/kg）、过剩（>3.0 mg/kg）。当土壤中的硒含量富集到大于 0.4 mg/kg 时即为高硒土壤。关于土壤中全硒的测定主要有两种方法标准：《土壤中全硒的测定》（NY/T 1104—2006）和《土壤和沉积物 汞、砷、硒、铋、锑的测定 微波消解/原子荧光法》（HJ 680—2013）。目前，在富硒土壤标准方面，宁夏、黑龙江、内蒙古制定了相关的地方标准，这些标准主要根据不同土壤类型中的总硒含量予以分类，对土壤中全硒含量的分类依据较单一，并且仅仅从土壤总硒含量的特征分布的角度出发而非安全角度。这并不能保证栽培出的作物中硒含量达到相应富硒农产品标准。土壤中硒的总量只能看作是土壤的潜在供应能力和储量指标，植物能直接吸收、利用的是土壤溶液中的有效硒（土壤有效硒以第 3 章节的磷酸盐缓冲溶液浸提法提取测定所得），本研究通过前期大量的调查与研究证明作物中硒的含量与土壤中有效硒的含量呈显著正相关关系，土壤硒的有效性主要跟土壤 pH 与水分密切相关，而与土壤全硒含量无明显紧密相关性。因此，在制定富硒土壤标准，划分富硒土壤等级时，充分结合了土壤的 pH、水分及地形地貌等进行综合评价判定，并针对天然富硒区耕地重点地区，以土壤中硒含量及有效硒成分，再辅以植物富硒水平及安全质量对富硒土壤评定等级进行校正，提出了富硒土壤与含硒土壤划分指标要求（表 7-1），实现了富硒土壤质量综合评价，为富硒土壤资源开发提供依据，对硒产业高质量发展意义重大。

表 7-1 富硒土壤划分指标

类型	pH	全硒含量/(mg/kg)	有效硒含量/(mg/kg)
富硒土壤	<6.5	≥0.40	≥0.05
	6.5~7.5	≥0.35	≥0.05
	>7.5	≥0.30	≥0.05
含硒土壤	<6.5	0.20~0.40	0.03~0.05
	6.5~7.5	0.20~0.35	0.03~0.05
	>7.5	0.20~0.30	0.03~0.05

7.1.2 富硒农产品产地环境评价

富硒功能农产品因其具有防治疾病、增进健康和延缓衰老等功效，为缺硒人群补硒提供了丰富的选择，呈现出旺盛的消费需求。然而，当前存在着硒资源分布不平衡、富硒农产品安全生产加工技术科技水平低以及富硒功能农业理论和生产创新性弱等问题，部分地方和企业炒作富硒概念，一些未经健康风险科学评价的人工富硒产品充斥市场、鱼龙混杂，对富硒产业的高质量发展带来负面作用。因此，发展富硒功能农业，提供丰富的富硒农产品，应进行富硒农产品产地环境质量评价，它是保证富硒农产品优质和安全生产的前提条件，也是农产品获得富硒产品认证的先决条件。针对现阶段富硒农产品产地标准体系不完善、适用性差、关键技术和方法缺失等难题，为实现富硒农产品"从农田到餐桌"全过程安全管理，从富硒农产品产地土壤环境质量、灌溉水质量和环境空气质量及投入品等角度，以"调查监测-评价分级-风险管控-效果评价"为主线，构建了富硒农产品产地环境评价标准。从产地环境现状调查、环境监测、样品采集、检测方法等各个环节统一评价程序，为提升富硒农产品品质、保障富硒农产品安全、富硒农产品产地认证及生产与管理提供理论指导和技术支撑，从而实现富硒农业产业的可持续发展。

1) 产地环境调查

自然环境特征：产地地理位置（经纬度）、地形地貌、土壤、气候与气象（主导风向、年均气温、年均降水量、日照时数等）、产地生物多样性概况（主要树种、病虫害发生情况等）。

工农业污染及农村生活污染源：调查产地周围 5 km 以内工矿企业污染源分布及污染物排放情况，生活垃圾填埋场、工业固体废弃物堆放和填埋情况，农业副产物（畜禽粪便等）处置情况，农业生产中农药、农膜、肥料等农用品的使用情况等。

社会经济状况：产地所在区域的行政区划、人口和经济情况，主要道路，工业布局，农田水利，农、林、牧、副、渔发展情况。

2）土壤环境监测

产地土壤环境质量指标符合《土壤环境质量 农用地土壤污染风险管控标准（试行）》（GB 15618—2018）和《土壤中全硒含量》（DB45/T 1442—2016）的分级要求的基础上，根据产地环境因素分布状况通过网格法或者梅花法布点（分布较均匀的区域）、随机布点法布点（分布较复杂的区域）和放射法布点（可能受污染的区域），对不同产地设置采样数量（表 7-2），按《农田土壤环境质量监测技术规范》（NY/T 395—2012）监测相应土壤环境质量指标。

表 7-2 产地环境土壤质量布点数量

产地类别	布点要求及数量
蔬菜栽培区域	产地面积在 20 hm^2 以内，栽培品种较一致、管理措施和水平差异不大，一般布设 10~15 个采样点；面积在 20 hm^2 以上，面积每增加 10 hm^2 的，增加 4~6 个采样点。如果栽培品种较多，管理措施和水平差异较大，应适当增加采样点数
大田作物、林果类产品产地	对于集中连片的大田种植区，面积在 20 hm^2 以内，布设 15~20 个采样点；面积在 20 hm^2 以上，面积每增加 10 hm^2 的，增加 5~8 个采样点。如果种植区相对分散，则应适当增加采样点数
设施农业种植	产地面积在 20 hm^2 以内，布设 3~5 个采样点；面积在 20 hm^2 以上，面积每增加 10 hm^2 的，增设 1 个采样点
食用菌栽培	只测栽培基质，按土壤样品分析测定和评价，一般 1 种培养基采集 1 个混合样
野生产品生产区	对于土壤地形变化不大、土质均一、面积在 20 hm^2 以内的产品生产区，一般布设 3 个采样点；面积在 20 hm^2 以上，面积每增加 10 hm^2 的，增设 1~2 个采样点
水产养殖区	近海养殖区，需采集底泥，底栖贝类适当增加布点数量；深海和网箱养殖区，可不采海底泥
畜禽养殖区	可以不采土样，对于土壤本底元素含量较高、土壤差异大、地质条件特殊的区域可因地制宜酌情布点，对于有可能受污染影响的监测区域应适当增加布点数量

3）评价方法

富硒农产品产地环境质量，采用单项污染指数法和综合污染指数法进行评价，根据综合污染指数法的计算结果得出评价结果。在农产品硒含量达到富硒标准的情况下，依据环境质量监测结果，按表 7-3 进行评价；评价时首先采用单项污染指数法，如果单项污染指数均小于或等于 1，则采用综合污染指数法进行评价。若富硒农产品产地环境的土壤、水质、空气质量评价均达到"适宜"等级，则将富硒农产品产地环境判定为适宜；若产地环境的土壤、水质、空气质量评价有一项没有达到"适宜"等级，但均没有达到"不适宜"等级，则将富硒农产品产地环境判定为尚适宜；若产地环境的土壤、水质、空气质量评价有一项达到"不适宜"等级，则将富硒农产品产地环境判定为不适宜。

表 7-3　富硒农产品产地环境质量等级划分

环境质量等级	土壤各单项或综合污染指数	水质各单项或综合污染指数	空气各单项或综合污染指数	等级名称
1	≤0.7	≤0.5	≤0.6	适宜
2	0.7～1.0	0.5～1.0	0.6～1.0	尚适宜
3	≥1.0	≥1.0	≥1.0	不适宜

7.2　富硒农产品分类

随着技术的发展，由于外源硒的添加，市面上出现形形色色的不同类型的富硒农产品，这就给富硒农业的开发和富硒产业的发展带来混乱，为了保障南方富硒区富硒产业的可持续健康发展，需对不同类型的富硒农产品进行分类。目前，我国现有的富硒农产品标准涉及谷物、茶叶、畜产品、水果类别，对不同种类的富硒农产品的总硒含量进行了限定，其中全国供销行业标准《富硒农产品》（GH/T 1135—2017）中首次提出富硒农产品的硒代氨基酸指标，但是这些标准都没有对富硒农产品的产地环境进行具体要求。为建立与南方富硒产业发展实际相适应的富硒农产品分类标准，在总结前期调查与研究结果的基础上，提出了不同类型富硒农产品的分类标准，即绿色富硒农产品、有机富硒农产品和天然富硒农产品。

1）绿色富硒农产品与有机富硒农产品

绿色富硒农产品（green selenium-enriched agricultural products）和有机富硒农产品（organic selenium-enriched agricultural products）是通过种植在富硒土壤和种植/养殖过程中通过土壤硒素活化或硒生物营养强化技术措施生产的符合绿色食品/有机食品要求的农产品，其可食部分的总硒含量和硒代氨基酸含量符合表 7-4 的要求。硒代氨基酸是由硒代蛋氨酸、硒代胱氨酸、硒甲基硒代半胱氨酸等组成的含硒氨基酸及其衍生物。生物体中含硒的蛋白质为硒的主要存在形式，硒结合进入蛋白质可以有两种途径，一种是蛋白质合成时硒随机取代了硫形成的硒代蛋氨酸，另一种是通过 UGA［蛋白石（opal）密码子（相应于蛋白石突变）］翻译形成硒代半胱氨酸。由这两种方式形成的含硒氨基酸及其衍生物称为硒代氨基酸。

表 7-4　绿色富硒农产品和有机富硒农产品的总硒含量及有机硒（硒代氨基酸）质量分数

项目	绿色富硒农产品指标		有机富硒农产品指标	
	总硒含量/(mg/kg)	硒代氨基酸含量 a 占总硒含量的百分比/%	总硒含量/(mg/kg)	硒代氨基酸含量 a 占总硒含量的百分比/%
谷物类	0.10～0.50	≥70	0.05～0.50	≥80
豆类	0.10～1.00	≥70	0.05～1.00	≥80
薯类（以干重计）	0.10～1.00	≥70	0.05～1.00	≥80

续表

项目	绿色富硒农产品指标		有机富硒农产品指标	
	总硒含量/(mg/kg)	硒代氨基酸含量 a 占总硒含量的百分比/%	总硒含量/(mg/kg)	硒代氨基酸含量 a 占总硒含量的百分比/%
蔬菜类（以干重计）	0.10～1.00	≥70	0.02～1.00	≥80
食用菌类（以干重计）	0.10～5.00	≥70	0.10～5.00	≥80
肉类	0.15～0.50	≥80	0.15～0.50	≥90
蛋类	0.15～0.50	≥80	0.15～0.50	≥90
茶叶	0.25～4.00	≥70	0.10～4.00	≥80
果类（鲜水果）	0.01～0.10	≥70	0.01～0.10	≥80
中草药	0.10～2.00	≥70	0.10～2.00	≥80
油料类	0.05～0.50	≥70	0.02～0.50	≥80
水产类（鲜活水产品）	0.10～0.50	≥80	0.10～0.50	≥90
奶类（鲜奶）	0.01～0.20	≥80	0.01～0.20	≥90
蜂产品（蜂蜜）	0.01～0.20	≥80	0.01～0.20	≥90

注：硒代氨基酸含量 a 是硒代蛋氨酸、硒代胱氨酸和硒甲基硒代半胱氨酸含量之和。

2）天然富硒农产品

天然富硒农产品（natural selenium-rich agricultural products）是指通过生长在天然富硒区域而非任何方式的人为补充外源硒素，所获得的富含微量元素硒的产品，其可食部分的有机硒（organic selenium）通常是通过生物转化与氨基酸结合而成，一般主要以硒代氨基酸的形式存在。为评价天然富硒农产品，对其产地环境硒含量和农产品中硒含量做了严格的要求。参照第 3 章土壤有效硒测定方法，测定天然富硒农产品产地土壤有效硒含量，天然富硒农产品产地环境（包括天然富硒农产品种植区或放养区及周边同类型土地）中土壤硒含量指标应符合表 7-5 的要求。如为放养区，天然富硒水产品养殖区水源地水质总硒含量≥0.01 mg/L。同时，按《食品安全国家标准 食品中硒的测定》（GB 5009.93—2017）和《富硒农产品》（GH/T 1135—2017）规定的方法测定农产品硒含量，天然富硒农产品的总硒含量和有机硒（或硒代氨基酸）质量分数指标应符合表 7-6 的要求。

表 7-5 天然富硒农产品产地环境（天然富硒区）土壤硒含量分类要求

项目	pH<4.5			4.5≤pH≤7.5			pH>7.5		
	水田	坡度≤5°的旱地与果园	坡度>5°的旱地与果园	水田	坡度≤5°的旱地与果园	坡度>5°的旱地与果园	水田	坡度≤5°的旱地与果园	坡度>5°的旱地与果园
总硒含量/(mg/kg)	≥0.50	≥0.55	≥0.60	≥0.40	≥0.45	≥0.50	≥0.30	≥0.35	≥0.40
有效硒占总硒含量的质量分数/%	≤30								

表 7-6　天然富硒农产品的总硒含量和有机硒（或硒代氨基酸）质量分数

项目	总硒含量/(mg/kg)	有机硒占总硒含量的质量分数/%	硒代氨基酸占总硒含量的质量分数/%
谷物类	0.10～0.50	≥80	≥70
豆类	0.10～1.00	≥80	≥70
薯类（以干重计）	0.10～1.00	≥80	≥70
果类（鲜水果）	0.01～0.20	≥80	≥70
蔬菜类（以干重计）	0.01～1.00	≥80	≥70
食用菌类（以干重计）	0.15～5.00	≥80	≥70
肉类	0.15～0.50	≥85	≥75
蛋类	0.15～0.50	≥90	≥80
茶叶	0.25～4.00	≥80	≥65
中草药	0.15～3.00	≥80	≥65
油料类（花生及各类植物油）	0.05～0.50	≥85	≥70
水产类（鲜活水产品）	0.10～0.50	≥85	≥75
蜂产品（蜂蜜）	0.01～0.20	≥90	≥80

注：有机硒占总硒含量的质量分数与硒代氨基酸占总硒含量的质量分数指标只需符合其中任何一项即可。

7.3　推进广西富硒产业高质量发展的对策与建议

7.3.1　充分将富硒土壤资源转变为硒产业优势

经广西壮族自治区地质矿产勘查开发局对广西 99 个县（市、区）1∶5 万土地质量地球化学评价初步发现富硒土壤面积达 7.57 万 km^2（1.1355 亿亩），其中绿色富硒耕地 0.76 万 km^2（1140 万亩）、无公害富硒耕地面积 0.89 万 km^2（1335 万亩），为全国之最。要打好"广西富硒牌"，首先必须做好富硒土壤资源的开发和利用，建立富硒土壤和天然富硒动植物数据库，为科学利用硒资源提供基础研究支撑；依托富硒土壤资源禀赋和产业发展现状，科学编制广西富硒农业发展规划。充分地将广西天然富硒这一资源优势转变为产业优势。

7.3.2　做好富硒产业顶层设计与产业布局

协调对接好广西地调部门，及时发布全区各地富硒土壤分布状况成果，并在此基础上出台广西富硒产业高质量发展指导意见与实施方案。有关富硒产业发展重点县（市、区）要因地制宜、分类施策，抓紧制定发挥地方特色产业优势的开发规划，明确发展目标和方向。着力打造一批特色富硒产业示范县、试点县，加快推动"一县一业"主导优势富硒产业发展。

7.3.3 持续发挥科技创新先锋引领与护航作用

2017 年底广西在全国率先启动创新驱动发展富硒科技重大专项，联合全国硒领域专家团队开展了富硒农产品生产的系统研究。通过富硒创新驱动重大专项的实施，广西富硒农业就得到了井喷式发展（2018 年广西富硒农产品增长 43.3%），促使富硒产业成为广西科技产业扶贫中的新亮点与生力军，广西的富硒创新工作也由此蛙跳式后来居上，成为全国标杆，同时也驱动引领广西整个富硒产业实现了蛙跳式跨越发展。但这些只是一个良好的开始，要想真正实现将广西的富硒资源优势转化为产业优势，创新驱动不能断电，需要继续夯实科技基础，解决影响富硒产业发展的重大技术瓶颈；重点开展南方酸性土壤硒活化技术、富硒品种种质资源筛选培育及创新利用、富硒标准化生产技术、富硒阻镉技术、"物联网＋"信息化技术、富硒产品精深加工技术等研究，抢占现代富硒科技制高点。如果只是"一阵风"式的支持，研究缺乏持续性，广西富硒土壤资源的开发也会受到限制；而且要想解决南方富硒土壤硒活性不高、硒与镉等重金属伴生等系列瓶颈问题并非"一日之功"，需要持续性深入研究。

7.3.4 坚持技术"创新熟化"与"推广应用"两条腿一起走

不少富硒农产品的生产技术已逐渐成熟，在不断创新和熟化富硒技术的同时，农业农村部门启动富硒技术推广等专项行动，或依托农业科技创新联盟中富硒科技先锋队有效地整合科技和富硒产业的资源，打破部门、区域的界限，推动富硒政、产、学、研、用协同发展。建议在国家现代农业产业技术体系广西创新团队体系中增建富硒农业创新团队；或在粮食产业（水稻、玉米、薯类）、特色果蔬产业、食用菌、茶等现有的广西现代农业产业技术体系创新团队中增设富硒功能岗位与试验站，及时地将先进的富硒技术运用到田间，通过科学手段生产出能满足不同群众需求的高品质健康营养的富硒产品。

7.3.5 建设一批高标准、高质量的富硒产业示范基地

结合《广西大健康产业发展规划（2021—2025 年）》和农业现代化示范区、优势特色产业集群、粮食生产功能区、特色农产品优势区、重要农产品保护区、

现代农业产业园、田园综合体、乡村振兴示范村、农业产业强镇等建设工作，创建一批高标准的富硒农业示范基地。根据不同区域、不同产业的发展特点，重点建设一批有规模、有特色的以富硒为主题的现代特色农业核心示范区（园），带动全区富硒产业聚集化高质量发展。

7.3.6 聚焦开发外销型富硒拳头产品

广西是全域天然富硒区，考虑到生活在广西的大部分人群不缺硒（中老人、肿瘤病人及亚健康人群除外）及科学补硒最好是通过大众常用产品摄入补给，因此拳头富硒产品品类的开发要聚焦在外销给国内其他省区以及东盟的大众化产品，如富硒香米、富硒茶、富硒特色果蔬、富硒食用菌、天然富硒饮用水等，也只有这样才会发挥出富硒产品的生态高值效应。同时，可以借鉴宁夏中卫"硒沙瓜"国家地理标志产品模式，开展绿色有机农产品、国家地理标志产品等富硒农产品认证和富硒品牌创建等工作。

7.3.7 加大富硒深加工技术研发力度，补齐加工短板，使富硒产业产值效应翻番

从富硒农产品开发向富硒产业开发转型升级。广西拥有很好的富硒土壤资源，也因气候地理位置优势拥有众多特色农产品，在初级富硒产业发展上有一定的优势，但因为仅仅是初级富硒农产品，没有发挥出广西富硒资源的优势。广西富硒产业综合产值低，主要还是富硒精深加工业滞后。随着人们健康意识的增强，开发具有保健功能的富硒深加工产品迫在眉睫。为满足不同消费群体对不同类型富硒功能产品的需求，建议以"高新技术开发"为突破口，利用广西特色富硒农产品为主要原料，统筹发展富硒农产品初加工和精深加工，深化副产品加工利用，开发出高附加值、高科技含量的富硒产品，如利用好的富硒生物资源，开发出富硒牡蛎、富硒肉桂、富硒罗汉果、富硒辣木等；创新含硒有机化合物提取等富硒农产品精深加工技术，开发出富硒速溶早餐粉、富硒含片、富硒保健胶囊、富硒美容品等系列富硒产品。并做大做强优势产业链，形成种养业、食品加工业和冷链物流业联动发展，提高富硒农产品附加值，实现富硒产业产值翻倍式增长，推动富硒产业升级。同时，围绕"三区三园"和工业园区建设，整合和规范发展各类富硒农产品加工产业集聚园区，加快建设富硒农产品加工聚集区，让初级富硒农产品生产企业与精深加工企业实现同园衔接与资源整合，尝试开展富硒功能农业特区创建，推动富硒农产品加工向工业园区集中，用现代高新园区化、工业化理念加快做强做大富硒产业。

7.3.8　扩大富硒科技先锋队伍，提升科技服务水平

引进高端富硒技术研究人才，扩大富硒科技先锋队队伍规模并加强队伍建设。在加强富硒技术创新研究的同时，积极推动富硒科技成果转化与强化示范应用力度，让富硒科技创新成果更接地气，不搞纸上谈兵，而要结合产业现状和实际，真正做到引领与服务于富硒产业。并积极构建富硒技术信息服务平台，拓宽经营主体信息获取来源渠道，增强富硒科技团队服务水平，为富硒产业提供坚实的后盾。

7.3.9　培育一批知富硒、懂富硒、会富硒、爱富硒的新型经营主体

加大政策激励和财政支持，引导有实力、信誉好的企业（合作社、家庭农场）投资开发富硒农业，引导国有资产投资公司与龙头企业参与富硒产业开发的同时，抓住自治区开展的"央企入桂""湾企入桂""民企入桂"机遇，引导国内名优企业来桂开发富硒资源、投资大健康富硒产业，将资金流、技术流、信息流等资源汇集到富硒产业领域，打造若干个有全国影响力的强优企业。鼓励涉硒企业健全完善与农民的利益联结机制，引导大批种养户、家庭农场参与富硒农业生产，通过创新"公司+基地+农户"的模式，培育富硒产业化联合体，实现小农户与富硒农业发展有机衔接，带动农业增效、农民增收。同时，还要培育一批知富硒、爱富硒的富硒农业电商等新型经营主体，引导电商企业开展富硒农产品电子商务业务，建立富硒电商服务体系，推进线上线下相结合，积极打造富硒产品综合营销平台，促进富硒产品生产、经营、销售、消费"一网通"式无缝链接，实施"广西好嘢"富硒品牌农产品数字化产地仓建设，并推进涉硒新型农业经营主体对接全国性和区域性农业电子商务平台。

7.3.10　利用互联网技术，提高富硒农产品优质率

着力推行"互联网+富硒农业"模式，扩展"互联网+"信息网络建设，并利用 5G 建立农业物联网，利用 5G 与农业生产中所使用的各个设备相结合，为农户带来更高效、更便捷、更智能的使用体验。根据 5G 的精准性，既可以进一步加宽所监视区域，提升富硒农业种植技术，也可以实时收集不同区域的光照、土壤、水分等种植信息，使农户更加了解自己所管理的这片区域，同时，根据收集到的信息，对正在使用的种植技术进行升级和改造，提高富硒农产品的优质率。

7.3.11 完善富硒农产品认定标准与认定体系

目前广西富硒农产品认定标准只对产品中总硒含量进行限量认定，对产品中有机硒占总硒的占比没做要求，建议修订完善富硒农产品认定标准，富硒农产品认定对产品中总硒含量与有机硒占比等指标均要进行限定要求。同时，建议创新性开展富硒产品认证与产地认定相结合、富硒产品认证与"三品一标"有机结合的创新模式，开拓性开展"天然富硒农产品""无公害富硒农产品""绿色富硒农产品""有机富硒农产品""自然富硒农产品生产基地"等相关认证工作，以期最大可能地将广西作为全国最大天然富硒区的资源优势最大化转变为鲜明的产业优势。

7.3.12 加大宣传引导，打造一批"网红"富硒产品

充分运用广播、电视、报纸等传统媒介和网络、微博等新媒体宣传富硒知识，介绍广西富硒资源及鼓励开发政策，营造发展富硒农业的良好环境。加强硒营养、硒保健的科普工作，讲好广西长寿富硒故事，增强富硒产品的吸引力；同时加大销售模式的拓展力度，利用电商平台、抖音直播等网络销售平台开展形式多样的销售，打造一批具有广西特色的"网红"富硒产品，来提升富硒产品在全国的市场占有率，带动广西富硒产品整体营销的提升，推动广西富硒农业可持续发展。

7.3.13 相关职能部门各尽其责，强化富硒产品质量与市场的监管

富硒产品的质量是广西富硒产业发展的生命线。一是相关科研与技术部门要因地制宜地科学编制不同作物的富硒农产品生产技术规程，制定统一的富硒农产品质量标准，使富硒农产品生产所有步骤实现严格的程序规范化、标准化管理与监控，让富硒农产品的生产者、加工者和市场监管都有章可循；二是建议农业部门要对区域内富硒农产品的生产环境、投入品、认证体系进行监管；三是富硒产品认证机构不能一授证就不监管，要定期地对认定产品进行抽查监管，并对认证的富硒产品建立"广西富硒产品质量溯源系统"，解决消费者购买富硒产品难辨真伪优劣的问题，从源头上全流程监控富硒产品生产行为，为广大消费者安全消费、放心消费保驾护航；四是市场监督管理部门要严格规范涉硒企业生产经营行为，加大对富硒农产品的市场监督和执法力度，加大打击假冒富硒产品与虚假广

告，净化富硒产品市场环境。同时，加快建立和完善富硒产品诚信体系、质量全程可追溯体系、食品安全追溯体系、质量标准体系、产品质量认证、检测和监管体系，建立可追溯、互联共享的富硒产品大数据监管综合服务平台，实现生产过程全程监测，为生产企业与消费者提供透明的供需信息。通过健全富硒产品监管机制，让消费者买得放心，也能规范富硒产品销售市场。树立一批质量标杆，鼓励涉硒企业相关产品开展区内外富硒认证与国际合作互认，推动富硒产业可持续高质量发展。

7.3.14 拓展富硒产业功能，打造具有广西特色的"硒文化"产业

为了更加凸显广西天然富硒的资源优势，按照生产、生活、生态统一，一二三产业融合的要求，以富硒为主题，以农耕文化为魂，以美丽田园为韵，以特色农业为基，以村落民居为形，以创新创意为动力，以示范创建为抓手，以促进农民增收、农业增效增值和满足居民消费为核心，在天然富硒土壤区、休闲养生区、长寿区、农旅融合区等结合区，重点建设一批具有不同地域特色的富硒休闲农业养生生态产业园、富硒田园综合体等。以"$X+$硒"为产业推进模式，推动发展"农业+硒""食品加工+硒""康养旅游+硒""餐饮+硒"等新业态，拓展富硒产业的多种功能，延长产业链、提升价值链、完善利益链，实现全区富硒产业融合发展新格局；以"龙头企业+合作社+家庭农场"经营模式，组建富硒农业产业联合体，打造一批"富硒+休闲农业及乡村旅游"精品旅游路线和"硒+康养旅游"田园综合体，打通从农业生产向加工、流通、销售、旅游等环节，实现富硒产业一体化发展。同时，要结合当地的地理标志产品、传统拳头产品与广西的寿乡文化、优美生态文化底蕴，扶持创建"硒博物馆""硒特色文化场馆"等具有宣传与体验一体的产业融合发展模式；组织建设一批集优质富硒资源优势与美丽生态优势于一体，又富含长寿文化、健康养生文化等文化内涵的"富硒小镇""富硒乡村""富硒人家""硒康养中心"等具有广西当地特色和优势的一二三产深度融合发展的大健康产业示范区，促进"富硒牌""生态牌""长寿牌"的融合相彰发展，助力当地乡村振兴。

7.3.15 加强富硒科普宣传与科学补硒引导

充分运用广播、电视、报纸等传统媒介和网络、微博等新媒体宣传富硒知识、介绍富硒资源及鼓励开发政策，营造发展富硒农业的良好环境。加强硒营养、硒保健的科普工作，讲好长寿富硒与富硒功能大健康故事，增强富硒产品的吸引力，提升市场占有率，带动富硒产品营销，推动广西富硒产业高质量发展。

7.3.16 打响广西富硒品牌、擦亮广西富硒名片

品牌是质量、信誉度、市场竞争力和经济效益的重要表现，是农业产业核心竞争力、区域经济活力和农民增收的重要标志，代表着先进的农业生产力。富硒农产品的开发要坚持特色与高端融合开发路线，实施广西区域公共品牌、公用品牌、特色品牌、企业品牌、产品品牌等"多位一体"的品牌发展战略，大动作、高密度地提高广西富硒品牌影响力。

1) 打造区域富硒公共与公用品牌

广西作为全国最大的全域富硒区，每个县（市、区）都有不同面积的连片富硒土壤，建议在全区开展富硒名优农产品示范县创建工作，以调动广大民众开发富硒产品的积极性，在广西掀起富硒产业热潮，打造名副其实的"中国富硒农业之都"这一富硒公共名片；也建议各地根据各自不同区域特色打造地区的区域公共富硒品牌或公用富硒品牌来多维支撑"中国富硒农业之都"这个大区域公共品牌。例如，贵港市就利用了其所在广西最大的冲积平原——浔郁平原中部的优质富硒土壤资源优势及西江流域黄金水道港口的区位优势，基本建成了"中国硒港"这一区域公共品牌雏形。在南宁市，建议充分利用其面向东盟国际的"南宁渠道"、西南中南地区开放发展新的战略支点和21世纪海上丝绸之路有机衔接的重要门户及华南经济圈、西南经济圈、东盟经济圈的接合部等区位优势，以及广西首府高科技集中区等科技资源优势，将南宁打造为我国南方乃至东南亚富硒农产品的集散地、加工厂，尤其要着重加强一些富硒精深加工品的开发，提高产品科技含量与产业准入门槛，防止趋同化发展；同时，结合农业科技园区建设，打造一些富硒农产品精深加工产业集聚园区，实现加工园区化、园区产业化、产业集聚化，用现代工业化理念加快做强南宁市富硒产业，将南宁市打造成名副其实的"中国东盟硒谷"这一区域公共品牌。而在河池市，建议可利用其是西江流域的主要水源"源头"、下游冲积平原中硒资源的主要来源"源头"、长寿之乡的生命"源头"等"源"缘，打造"中国康养硒源"这一区域公共品牌。还可以在桂林打造以永福为中心的"福寿硒乡"，在百色打造"壮乡硒谷"等公用品牌，各地根据其天然的优质富硒土壤资源优势，再结合各自特色的区域农旅休闲文化、寿乡文化、健康养生文化等打造一批区域性富硒公共品牌或公用品牌名片来多维支撑"中国富硒农业之都"这一大公共品牌名片的塑形发展。

2) 创建与用好桂系特色品牌

各地也可以以创建富硒特色小镇与富硒田园综合体为具体抓手，创建一批特色品牌，如可以在广西最大的优质粮食生产基地桂平市创建"富硒粮仓特色小镇"，在世界有名的长寿之乡巴马县创建"富硒养生特色小镇"，在北海、钦州

等临海区域可依托海产品天然高富硒的优势创建"富硒海滨特色小镇"等区域特色品牌。同时将富硒品牌建设纳入"广西好嘢""圳品"等大健康食品品牌矩阵，并根据各自的地域特色、现有的地理标志产品，培育一批像"广西富硒大米""西山富硒茶""百色富硒杧果"等在全国具有较大知名度的"桂"字号富硒农产品特色品牌，擦亮"广西天然富硒产品"等桂系金字富硒招牌。

3）培育一批国内名优富硒产品品牌与富硒企业品牌

鼓励企业创新产品开发，提高产品质量，注册商标、打造品牌，培育一批具有市场竞争力的广西富硒品牌。重点培育一批像"壮园""桂玉香""大藤峡""金田红""真硒利""八桂凌云""周顺来""溪谷源记""农贝贝""伊蜜""十万大山""一枝荔""习缘"等影响力大、辐射带动范围广、特色鲜明、文化底蕴深厚的名优富硒产品品牌与企业品牌。

附图 研发的相关土壤调理剂与叶面强化剂

氨基酸螯合态生物纳米硒营养液

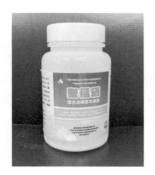

叶面调理剂"聚福硒"

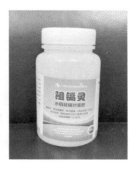

叶面调理剂"阻镉灵"

叶面调理剂"猛降镉"

富硒专用叶面肥

水稻祛镉叶面肥

富硒高钙型生物有机肥

微生物菌肥

土壤调理剂"土康灵"

后　记

　　本书的编写缘于在我国南方广西的土地质量地球化学调查评价工作中发现，其调查的 99 个县（市、区）初步圈定出 7.57 万 km^2（1.1355 亿亩）富硒土壤，为全国之最。2020 年习近平总书记在全国两会期间针对湖北恩施、陕西安康、广西等富硒地带提出了相关的指示，正值此时，自 2017 年开始，广西就联合国内富硒领域的知名专家开展了为期五年的广西富硒创新驱动发展科技重大专项研究，同多方协同攻关，基本摸清了以广西为主要代表的我国南方富硒土壤中硒的主要存在形态与空间分布特征，明确了影响土壤硒活性的关键因子，找出了土壤中硒与其他有害重金属之间的伴生特征及硒在土壤生态环境中的动态变化特征，构建了土壤硒素安全利用评价模型，并确定了南方土壤硒素安全阈值。本书的出版将为我国南方富硒土壤资源优势转变为硒产业优势提供强有力的科技引领与支撑，助推富硒产业高质量科学发展。

　　本书出版得到了国家自然科学基金联合基金重点支持项目"广西典型富硒高镉土壤中硒镉的交互作用过程及作物富硒降镉的调控机制"（U2342040）、广西创新驱动发展富硒科技重大专项"富硒土壤资源高效安全利用"（桂科 AA17202026）、国家自然科学基金"富硒细菌活化广西富硒赤红壤硒的机理"（32160762）、广西重点研发计划项目"水稻降镉促硒功能性肥料研发与示范应用"（桂科 AB23075170）、广西富硒农业产业科技先锋队专项行动（桂农科盟 202214）和广西富硒特色作物试验站（桂 TS202211）等项目的资助，书中的数据与研究结果均出于专项各参加单位与人员的原始创新成果，同时广西创新驱动发展科技重大专项"富硒粮油和食用菌农产品标准化安全生产技术研究与示范"（桂科 AA17202044）与"薯类富硒农产品标准化生产技术研究与应用"（桂科 AA17202027）等项目组还提供了主要硒富集优势水稻、玉米、花生、薯类等特色作物品种的筛选成果，项目组成员单位中国科学院地理科学与资源研究所雒昆利老师团队也积极参与并支持，在此表示衷心的感谢！感谢中国科学院南京土壤研究所赵其国院士、国际硒研究学会主席 Gary 教授在百忙之中审稿并题序。同时，对帮助本书出版的同事、同行以及其他同志，一并表示由衷的感谢。

　　在编写过程中，由于还有一些试验数据还没能来得及总结、分析、提炼、归纳，一些新的研究成果也就还没能充分地展现给读者，同时，限于编写者自身水平有限，书中可能存在不妥之处，恳请广大读者批评指正并提出宝贵意见，以便今后补充订正。

刘永贤

2024 年 12 月 1 日